Frau Müller ist doof.

AF189832

Mathematik

ZAP - MSA

Erklärungen, Aufgaben, Lösungen

$(a + b)^2 = a^2 + 2ab + b^2$

He / she / ist,
das "s" muß mit

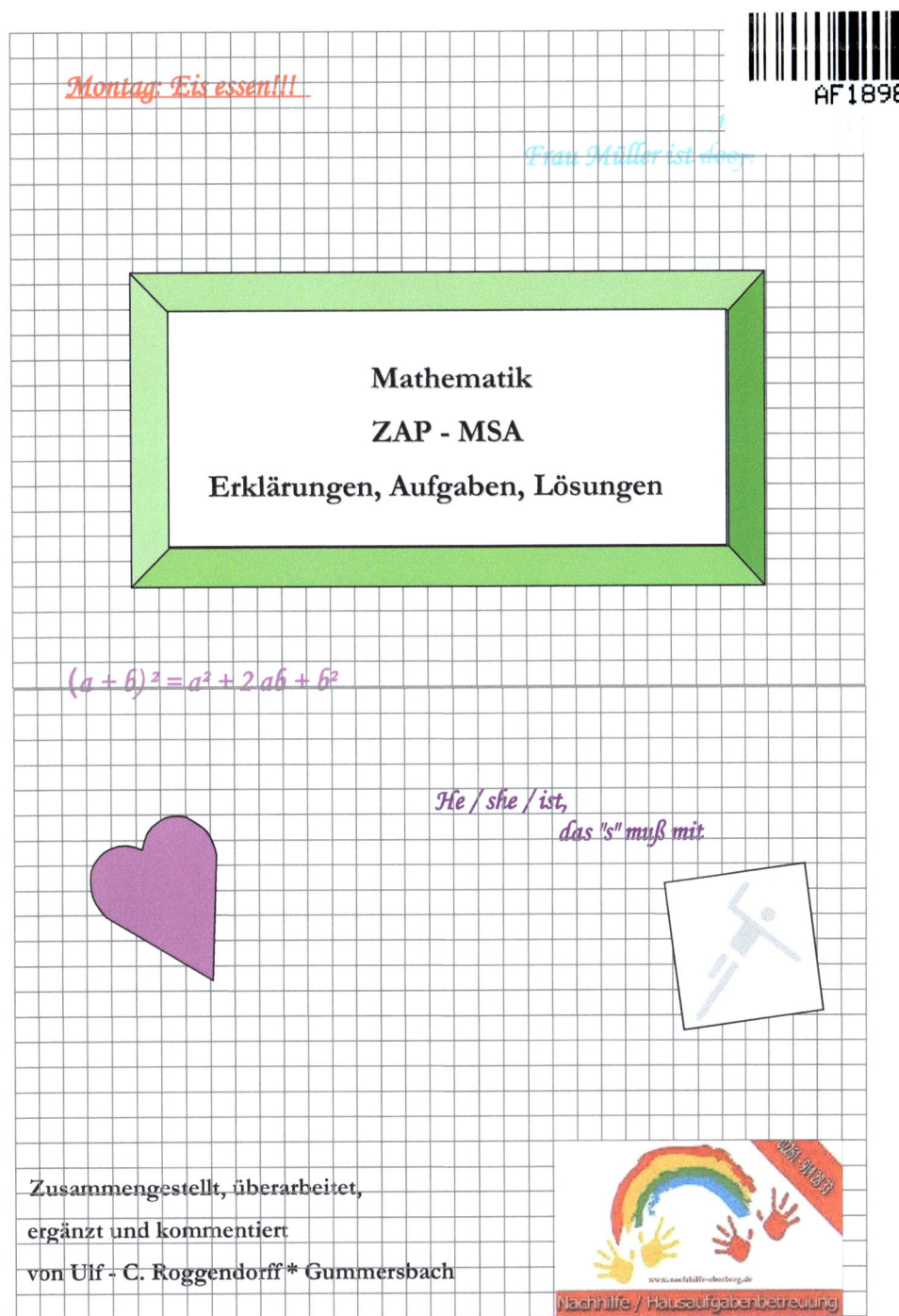

Zusammengestellt, überarbeitet,

ergänzt und kommentiert

von Ulf - C. Roggendorff * Gummersbach

www.nachhilfe-oberberg.de

Nachhilfe / Hausaufgabenbetreuung

(Die Auswahl der Themen basiert auf den Themen der original NRW Prüfungen)

Diese Reihe dient zum Selbstlernen. Aus Platzgründen sind die Erklärungen recht kurz gehalten. Sie dienen der Auffrischung. Bei weiteren Unklarheiten kann ich gerne per eMail, Whatsapp und/oder Skype weitere Erklärungen, Hilfestellung geben.

Die Aufgaben sind Beispielaufgaben zu dem jeweiligen Thema um das Verständnis zu prüfen. Originale Prüfungsaufgaben folgen in den weiteren Abschnitten. Nicht alle Themen kommen in jeder Prüfung vor, alle Themen decken aber ungefähr den Wissensstand ab. Dennoch erfolgen alle Angaben hier ohne Gewähr, Korrekturen, Verbesserung werden gerne angenommen.

Ulf-C. Roggendorff * info@nachhilfe-oberberg.de * 0171-234 11 64 * roggendorff-ulf-c

Fach: Mathematik   Datum der Prüfung:

Was muss gelernt werden?	Wie muss gelernt werden?	Wann muss gelernt werden?	Mit wem muss gelernt werden?	Fragen Unklarheiten	Abgefragt Wiederholt erledigt
01- Bruch rechnung					
02- negative Zahlen					
03- Zuordnung					
04- Prozent- Zinsrechnung					
05- lineare Funktionen					
06- lineare Systeme					
07- Strahlensätze					
08- Pythagoras					
09- Flächen und Körper					
10- expotionelles Wachstum					
11- sin cos tan					
12- Wahrschein- lichkeit					
13- Tabellen- kalkulation					
14- Tests					

Lerntipp 1: Ruhe

Schild an die Tür mit der Aufschrift: "Bitte nicht stören, ich lerne gerade" oder ähnlich. Ihr werdet staunen, wie Euch Eure Eltern oder Mitbewohner dabei unterstützen. (Das Schild darf aber nur beim wirklichen Lernen eingesetzt werden!). Gegen Straßenlärm helfen Ohrenstöpsel (z. B. OHROPAX aus der Apotheke). Telefon oder Handy ausschalten oder auf Anrufbeantworter bzw. Mailbox umschalten. Auf alle Fälle Fernseher und Radio aus oder zumindest ganz leise als „Hintergrundmusik" Ob Musik störend oder motivieren ist, muss jeder für sich selbst entscheiden. Falls jedoch nicht verhinderbarer Lärm vorhanden ist, so würde ich lieber versuchen ihn mit Musik zu übertönen.

Lerntipp 2: kurze aber effektive Pausen einlegen

Ich weiß nicht ob sich jemand bei der Schulstundenlänge etwas gedacht hat oder ob wir alle schon an diesen Rhythmus gewöhnt wurden. Denn ich habe sehr oft gemerkt, dass nach 45 Minuten vollster Konzentration die Gehirnleistung merklich nachlässt. Ein kurze aber effektive Pause (5 -10 Minuten) hilft schlussendlich den Lernprozess zu beschleunigen. Wie Ihr eine solche Pause gestaltet, müsst Ihr selbst entscheiden. Hier gebe ich aber eine kleine Auswahl an Gestaltungsmöglichkeiten mit denen Ihr ganz sicher wieder fit werdet. In einer solchen Pause solltet Ihr vor allem an etwas anderes Denken als an Schule und Hausaufgaben. Einen Apfel, eine Möhre oder Weintrauben essen. Dies versorgt den Körper mit Kohlenhydraten, die vor allem das Gehirn benötigt, um zu arbeiten. Außerdem schützen die Vitamine vor Krankheiten und damit vor Unterrichtsausfall. Das Fenster richtig öffnen und den Körper mal richtig dehnen und strecken. Leichte Bewegungsübungen (50 Liegestütze wären zu viel) vor offenem Fenster. Aber Vorsicht im Winter droht Erkältungsgefahr. Und natürlich viel trinken, am besten Mineralwasser mit wenig Kohlensäure. Keine Cola oder Getränke mit viel Zucker.

Lerntipp 3: Arbeitsplatz optimal gestalten

Einen großen geräumigen Schreibtisch nahe am Fenster (Luft und Licht) aufstellen. Dabei sollte durch die Schreibhand kein Schatten auf das Papier oder Buch geworfen werden. Für einen Rechtshänder ist es am besten, wenn das Licht von links (am Besten über die linke Schulter) fällt. So kann es keine störenden Schatten auf das Papier werfen, aber auch nicht blenden. Für das Lernen eignet sich am besten Tageslicht, dies hält die Konzentration wesentlich länger aufrecht als Kunstlicht. Eine sehr gute Alternative zu Tageslicht sind allerdings Tageslichtlampen. Diese sehen aus wie normale Leuchtstoffröhren (gibt es aber auch als Energiesparlampen), haben aber ein wesentlich weiseres und helleres Licht. Dadurch wird Müdigkeit und Stress vermindert. Der Schreibtisch sollte idealerweise eine Höhe von 75-85 cm haben (für Erwachsene). Der verwendete Stuhl sollte eine Sitzflächenhöhe von ca. 55-65 cm haben. Alle benötigten Utensilien in Reichweite anordnen. Die Konzentration kann nicht lange aufrechterhalten werden, wenn man alle 5 Minuten aufstehen muss, um etwas zu holen oder gar zu suchen. Deswegen sollten Schreibgeräte, Radierer, Taschentücher, Lineale, Kurvenschablonen, Formelsammlung, Wörterbücher, Taschenrechner usw. in die absolute Nähe des Schreibtisches.

Lerntipp 4: richtige Körperhaltung

Die wichtigste Regel nicht zu bequem, d.h. der Stuhl sollte nicht zu hart aber auch nicht zu weich sein und eine gerade Lehne haben. Der Körper sollte aufrecht sein um Rückenschmerzen zu vermeiden. Den Kopf nicht zu sehr zur Seite neigen, denn das Gehirn bekommt diese Neigung von den Gleichgewichtsorganen mitgeteilt und reagiert darauf mit Müdigkeit.

Lerntipp 5: richtige Lernzeit finden

Der Mensch lernt an verschiedenen Tageszeiten unterschiedlich gut, es gibt eine sogenannte Lernkurve. Aus dieser geht hervor, dass die meisten Menschen am Vormittag am besten in Form sind und am frühen Nachmittag schlecht lernen können. Am frühen Abend geht die Lernkurve wiederum stark nach oben. Jedoch sind nicht alle Menschen gleich, deswegen sollte jeder versuchen seine persönliche Lernkurve aufzustellen. An dieser kann man sich dann orientieren und darauf seinen Tagesablauf ausrichten. Dieser könnte etwa wie folgt aussehen: Vormittag in die Schule, danach kurz ausruhen (ca. 30-45 min) aber nicht schlafen, vielleicht sogar mit etwas Bewegung, ganz prima ist Bewegung an der frischen Luft. Nach dieser kurzen Pause sollte man mit leichterem Lernstoff (Fremdsprachen, Deutsch, Geografie...) anfangen und erst am Abend (18-20Uhr) mit den lernintensiveren Sachen (Mathe, Physik..) beginnen. Das muß natürlich mit den anderen „Verpflichtungen" vereinbart werden. Sport, Verein, Chor, Freund, Freundin, Nachhilfe... Vor wichtigen Klassenarbeiten müssen dann leider schon mal Freizeitbeschäftigung verlegt werden.

Lerntipps 6: richtige innere Einstellung zum Lernen

Dies dürfte die wichtigste aber auch die schwerste Möglichkeit zur Verbesserung des Lernens sein. Aber mit einer positiven Einstellung zu dem Lernstoff, lässt es sich viel leichter lernen. Dass dies nicht so einfach ist, muss ich aber auch zugeben, denn auch ich habe so meine "Lieblingsfächer".

Lerntipp 7: richtige Ernährung

Hier gelten die üblichen Regeln, wenig Fett, viel Obst, Gemüse und Vollkornprodukte. Dadurch wird das Gehirn den ganzen Tag mit ausreichend Kohlenhydraten versorgt. Außerdem enthalten diese Nahrungsmittel viel von den für Nerven und Gehirn notwendigen, B-Vitaminen. Zum Trinken würde ich Mineralwasser, Fruchtsaftschorle oder Tee empfehlen. Das Mineralwasser enthält viele wichtige Mineralstoffe (z.B. Magnesium, Kalium...), welche auch für geistige Tätigkeiten notwendig sind.

Lerntipp 8: Plan aufstellen

Ein weiterer guter Lerntipp ist, vor dem Lernen erstmal kurz einen Plan aufzustellen. Dieser sollte angemessen vollgepackt sein. Dadurch wird das Gehirn auf den Lernprozess und den Lernstoff vorbereitet. Außerdem bekommt man ein schlechtes Gewissen, wenn man den Plan nicht mal zur Hälfte erfüllt hat. Dazu später mehr.

Lerntipp 9: besser Lernen mit Karteikarten

Wir alle wissen, dass ein besonders gutes Lernen durch Wiederholen des Lernstoffes erreicht wird. Dies könnt Ihr ausnutzen indem Ihr Euch Lernkarteikarten anlegt. Dieses Lernsystem eignet sich besonders für Vokabeln, Definitionen und Formeln. Schreibt dazu die Frage bzw. die deutsche Bedeutung auf die eine Seite, die Antwort bzw. das Fremdwort auf die andere Seite. Wenn Ihr alle Karten fertig habt, schaut Euch der Reihe nach zuerst noch mal die Antworten (Fremdwörter) an. Danach dreht Ihr den Stapel um (Ihr lest jetzt die Fragen) und beantwortet die Fragen in Gedanken. Vergleicht diese mit den aufgeschriebenen Antworten. Falls Ihr richtig geantwortet habt, legt diese Karte auf den Tisch. Wenn Ihr allerdings die Frage noch falsch beantwortet, steckt sie wieder hinten an den Stapel. Dieses Spiel macht Ihr am Anfang mehrfach nacheinander und wiederholt das Ganze nach ein paar Stunden noch mal. Das geht alleine, aber auch mit einer/einem Schulkameradin/-en oder einer/einem Familienangehörigen.

Lerntipp 10: Pfuschzettel anfertigen

Ja, ich empfehle wirklich die Anfertigung eines Pfuschzettels: alles Wichtige wird darauf handschriftlich zusammengefasst. Der erste Entwurf wird sicherlich noch zu groß sein, also ein zweiter Entwurf, diesmal noch kürzer zusammengefasst. Der ist immer noch zu groß, dann ein weiterer... alleine durch diese Überlegung was auf den Zettel kommt und durch das wiederholten Schreiben diese Kern-Punkte prägt sich das Wissen ein. Der Pfuschzettel kann dann noch mal als Wiederholung am Abend eingesetzt werden. Den Pfuschzettel aber NICHT (!!!) mit in die Klassenarbeit nehmen, damit lauft Ihr Gefahr erwischt zu werden und Euch eine äußerst schlechte Note, ein schlechtes Bild bei den Lehrern und Eltern einzuhandeln und macht dadurch schlussendlich Eure ganze Lernarbeit zu Nichte.

Lerntipp 11: Lerngruppen bilden

Bildet Lerngruppen, 2-er oder 3-er Gruppen, trefft Euch und stellt Euch gegenseitig Fragen und Aufgaben, vergleicht was die anderen gelernt haben (habt Ihr was Wichtiges vergessen?), erklärt Euch gegenseitige schwierige Themen. Bei manchen Lehrern lohnt sich eventuell der Kontakt mit Schülern, die im letzten Jahr genau dieses Thema durchgenommen haben.

Lerntipp 12: vor dem Schlafen noch mal kurz ins Heft schauen

An der alten Weisheit "das Heft unter das Kissen legen" ist meiner Ansicht nach auch etwas dran. Allerdings solltet Ihr bevor Ihr es dort hinlegt auch mal kurz reinschauen. Es reicht wenn Ihr in 5-10 Minuten durchlest, was Ihr in der letzten Unterrichtseinheit gelernt habt. Danach könnt Ihr mit einem guten Gewissen einschlafen.

Wer einige dieser Lerntipps für ein paar Wochen einhält, wird seine Lernergebnisse merklich verbessern.

Es gibt verschiedene Lerntechniken, die eine kann gut durch Lesen lernen, der andere besser, wenn er sich das Gelernte als Bild vorstellen kann. Daher ist es hilfreich zu wissen, welcher Lerntyp man selber ist. Um das herauszustellen, gibt es verschiedene Standardtestverfahren, hier ist eins davon:

HALB-Test - Lerntypen

Wie lerne ich am besten? Was ist die beste Lerntechnik? Diese Fragen haben sich Lernende schon oft gestellt und es ist gar nicht so leicht, eine Antwort darauf zu finden. Es lassen sich vier Lerntypen unterscheiden. Mit diesem kleinen Test lässt sich -in etwa- herausfinden, zu welchem Lerntyp man gehört und damit dann in etwa auch, wie jeder einzelne am sinnvollsten Lernen kann.

Kreuze bitte bei den **zehn** nachfolgenden **Fragen** immer jene <u>**zwei Antworten**</u> aus, die am ehesten für Dich zutreffen. Es gibt kein Richtig oder Falsch. (die Großbuchstaben bitte nicht beachten)

1- Stell Dir bitte vor, Du besuchst in einer fremden Stadt einen Freund. Er konnte Dich aber nicht vom Bahnhof abholen und Du musst selber zu ihm hinzufinden. Was würde Dir am meisten helfen?

* Ein Stadtplan, den Du Dir am Kiosk kaufst	a ⭕	B
* ein freundlicher Mensch, der Dich begleitet	b⭕	H
* die genaue Beschreibung des Weges im letzten Brief des Freundes	c ⭕	L
* die genaue Erklärung des Weges durch einen Ortskundigen	d ⭕	A

2- Du bist Dir nicht ganz sicher, ob man das Wort „parallel", „paralell" oder „ parallell" schreibt. Du würdest

* das Wörterbuch aus dem Schrank holen und darin nachschlagen	a ⭕	L
* die Augen schließen und sich das Wort im Schriftbild vorstellen	b ⭕	B
* sich den Klang des Wortes vorstellen und es ein paar Mal aussprechen	c ⭕	A
* das Wort blind und schnell auf ein Blatt Papier schreiben	d ⭕	H

3- Du hast in der Schule das Programm für die nächste Projektwoche – eine Reise – erfahren. Du möchtest eine Klassenkameradin, die an diesem Tag gefehlt hat, darüber informieren. Du würdest

* sie sofort anrufen und ihr alles am Telefon erzählen	a ⭕	H
* ihr eine E-Mail mit der genauen Beschreibung der Reise schicken	b ⭕	L
* ihr die Reisestrecke auf einer Weltkarte zeigen	c ⭕	B
* ihr mitteilen, was man auf dieser Projektwoche so alles unternehmen kann	d ⭕	A

4- Du planst für Dein Geburtstagsfest, zu dem Du viele Deiner Freunde einladen möchtest, eine besondere Nachspeise. Du würdest

  * etwas, was Du gut kennst, das sicher gelingt, ohne Kochbuch zubereiten a ◯ H

  * ein bebildertes Kochbuch durchblättern um sich von den Bildern anregen lassen b ◯ B

  * Du würdest einige Freunde anrufen um sie nach ihren Lieblingsnachspeise fragen c ◯ A

  * sich alle Rezepte in Ihrem Kochbuch ansehen d ◯ L

5- Du sollst mit Klassenkameraden den Ausflug in einen Tierpark planen. Du würdest

  * vorher hinfahren und sich vor Ort umschauen a ◯ H

  * sich einen bebilderten Prospekt mit einem Plan besorgen b ◯ B

  * ein spannendes Buch über die Tiere lesen, die es in diesem Park gibt c ◯ L

  * jemanden aus dem Tierpark anrufen und sich beraten lassen d ◯ A

6- Du darfst Dir von Deinen Eltern eine neue Musikanlage für Ihr Zimmer wünschen. Was würde Deine Entscheidung am meisten beeinflussen?

  * Was Dir der Verkäufer darüber erzählt hat a ◯ A

  * Die Informationen in der Beschreibung des Gerätes b ◯ L

  * Selber die Schalter / Regler an der Anlage zu testen c ◯ H

  * Dass die Anlage zu Deiner Zimmereinrichtung passt und gut aussieht d ◯ B

7- Stelle Dir bitte vor, ein Außerirdischer fragt Dich, wie eine Kaffeemaschine funktioniert.

  * Ich zeichne die Maschine auf ein Blatt und erkläre ihm die wichtigsten Teile. a ◯ B

  * Ich gehe mit ihm die gute schriftlichen Betriebsanleitung durch b ◯ L

  * Ich erkläre ihm mit einfachen Worten den Ablauf des Kaffeekochens c ◯ A

  * Ich koche für ihn Kaffee und lasse ihn dabei die Maschine ausprobieren. d ◯ H

8- Du möchtest, dass Dich eine Internet-Freundin aus Deiner Stadt besucht, die aber den Weg zu Dir nicht kennt. Du würdest

  * der Freundin eine Kopie eines Stadtplans mit eingezeichnetem Weg schicken a ◯ B

  * ihr am Telefon eine genaue Beschreibung des Weges geben b ◯ A

  * zu Ihr hingehen und sie von ihrer Wohnung abholen c ◯ H

  * ihr eine SMS oder E-Mail mit einer genauen Beschreibung schicken d ◯ L

9- Du möchtest Dir ein neues Lexikon für die Schule kaufen, aber die Auswahl ist groß.

Was würde Deine Auswahl am meisten beeinflussen?

* Das Lexikon zu probieren und einige Zeit benutzen zu können.   a O H

* Die mündliche Empfehlung durch den Buchhändler.   b O A

* Das genaue Durchlesen von einzelnen Stichwörtern.   c O L

* Dass es eine übersichtliche und mit Bildern unterstützte Darstellung hat.   d O B

10- Bevorzugst Du Lehrer, die bei ihren Unterricht vorwiegend

* Arbeitspapiere und das Lehrbuch einsetzen, weil man alles nachlesen kann.   a O L

* Projektwochen und Besuche durchführen, da man hier den Stoff miterlebt.   b O H

* Dias, Filme und OHP-Folien verwenden, weil Bilder alles anschaulicher machen   c O B

* mit der Klasse diskutieren, weil man dann Unklarheiten besser klären kann   d O A

Auswertung:

Bitte nun jeweils die entsprechend Großbuchstaben hinter den jeweils angekreuzten Antworten

zusammenzählen! Der Großbuchstabe mit den meisten Zählern entspricht dann dem Lerntyp.

H =	A =	L =	B =

Die Beschreibung der vier Lerntypen

H = Handelndes Lernen:

Manche Schüler/innen probieren lieber etwas aus, bevor sie lange Anleitungen lesen oder sich etwas lang und breit erklären lassen. Auch haben sie es gerne, wenn ihnen jemand etwas praktisch vorzeigt und sie es bald danach selber ausprobieren können. Für solche Schüler/innen ist es günstig, einen Lernstoff mit eigenen Erlebnissen in Beziehung setzen zu können, mit anderen gemeinsam aktiv zu sein, etwa in Spielen, Experimenten oder Gruppenarbeiten. Sie bevorzugen Tests und Aufgaben, die ein eigenständiges Lernen ermöglichen. Für Lehrer/innen gilt, solche Schüler/innen in irgendeiner Form am Lernprozess unmittelbar zu beteiligen, denn sie werden rasch ungeduldig, wenn sie sich nicht bewegen und irgendetwas "tun" können. Lernhilfen sind für diese Form des Lernens rhythmische Bewegungen, das Mit- und Nachmachen, jede Form von Gruppenaktivitäten und themenspezifische Rollenspiele.

A = Akustisches Lernen:

Diese Schüler/innen sind für den "normalen" vortragenden Unterricht der Idealfall, denn sie lernen am besten, wenn ihnen jemand etwas mit Worten erklärt. Sie verlassen sich dann auch auf ihre Fähigkeit, gut zuhören zu können, und dabei das Vorgetragene zu behalten. Es fällt ihnen leicht, gehörte Informationen aufzunehmen, zu behalten und auch wiederzugeben. Sie sind in der Lage, oft auch ausführlichen mündlichen Erklärungen zu folgen. Wie man aus Untersuchungen weiß, sind aber nur sehr wenige Schüler/innen diesem Typus zuzuordnen (deutlich unter 10 Prozent). Diskussionen und Frage-und-Antwort-Sitzungen sind für ihre Art des Lernens ideal. Am besten behalten sie den Lernstoff, wenn sie mit jemanden über den Lernstoff sprechen oder jemandem darüber Fragen stellen können, sie prüfen sich gegenseitig gerne ab, einige speichern den Lernstoff auf einem Tonband oder auf dem Computer, den sie sich dann mehrmals anhören. Lernhilfen sind daher Lernkassetten, Gespräche mit anderen Lernenden etwa in Lerngruppen, Vorträge, die Stoffdarbietung in Form von Dialogen und mit Musik unterlegte Lernmaterialien.

L = Lesendes Lernen:

Für diese Schüler/innen sind gute Lehrbücher mit viel Text der Idealfall, denn sie holen sich ihr Wissen am leichtesten aus schriftlichen Quellen.[i] Sie sind in der Lage, auch komplizierte Sachverhalte allein dadurch zu verstehen, wenn sie eine genaue Beschreibung davon lesen. Sie lernen am besten, wenn sie den Lernstoff mit eigenen Worten formulieren können, Prüfungsfragen schriftlich ausarbeiten oder Merktexte[ii] am Computer anfertigen. Sie fertigen zum Lernen von Texten Auszüge an, in denen sie den Inhalt mit eigenen Worten zusammenfassen. Lernhilfen sind für diese Art des Lernens die traditionellen Formen des Bildungssystems, das weitgehend literal, also auf die Weitergabe von Informationen in Form von Buchstaben, fixiert ist. Moderne Formen dieses Lernens werden etwa durch Weblogs oder Lerntagebücher unterstützt.

B = Bildliches Lernen:

Diese Schüler/innen finden sich in neuem Lernstoff am besten zu recht, wenn dieser in Bildern, Overheadfolien, Dias, Filmen oder Videos daherkommt. Das Beobachten von Handlungsabläufen macht es ihnen leicht, Dinge zu behalten. Beim Lernen veranschaulichen sie sich den Lernstoff in Form von Übersichten, Grafiken oder Bildern. Komplizierte Dinge zeichnen solche Schüler/innen gerne auch auf, wobei sie diese häufig farbig gestalten. Ihre Hefte schmücken sie manchmal mit Skizzen und Bildern zum Stoff aus. Lernhilfen sind also Bücher mit Skizzen, Bildern, aber auch Lernposter, Videos und auch Lernkarteien.

―――――――――――――――――

01- Bruchrechnung

❶ Was ist ein Bruch? Aus welchen Teilen besteht ein Bruch?

___

❷ Was heißt "einen Bruch erweitern"?

___

Beispiel:

___

❸ Was heißt "einen Bruch kürzen"?

___

Beispiel:

___

❹ Was ist ein " gemischter Bruch"?

___

Beispiel:

___

❺ Wie werden zwei Brüche addiert?

___

Beispiel:

___

❻ Wie werden zwei Brüche subtrahiert ?

___

Beispiel:

___

❼ Wie werden zwei Brüche multipliziert ?

___

Beispiel:

___

❽ Wie werden zwei Brüche dividiert?

___

Beispiel:

Lösungen Bruchrechnungen:

❶ Was ist ein Bruch? Aus welchen Teilen besteht ein Bruch?

drei Teile: oben Zähler, darunter der Bruchstrich (Zäher durch Nenner teilen), unten Nenner

❷ Was heißt "einen Bruch erweitern"?

Der Bruch wird um eine bestimmte Zahl vergrößert, sowohl Zähler als auch Nenner werden mit dieser Zahl multipliziert.
3/ 4 mal 5 => 15/20

❸ Was heißt "einen Bruch kürzen"?

Der Bruch wird um eine bestimmte Zahl verkleinert, sowohl Zähler als auch Nenner werden mit dieser Zahl dividiert..
6/ 9 geteilt durch 3 => 2/3

❹ Was ist ein " gemischter Bruch"?
Ein gemischter Bruch besteht aus einer ganzen Zahl und einem Bruch.
Um daraus einen "echten" Bruch zu schreiben, wird die ganze Zahl mit dem Nenner multipliziert und das Ergebnis zum Zähler addiert.

$$3\frac{4}{5} = \frac{19}{5}$$ (Umkehrung geht auch: "echter" Bruch => gemsichter Bruch)

❺ Wie werden zwei Brüche addiert?
Zuerst müssen die Nenner "gleichnamig (den gleichen Wert) haben, dann werden NUR Zähler mit Zähler addiert, der Nenner bleibt unverändert.

$$\frac{2}{3} + \frac{3}{4} => \frac{8}{12} + \frac{9}{12} => \frac{17}{12} => 1\frac{5}{12}$$

❻ Wie werden zwei Brüche subtrahiert ?
Wie bei der Addition❺, nur wird nicht addiert, sondern subtrahiert.

❼ Wie werden zwei Brüche multipliziert ?
Zähler mal Zähler, Nenner mal Nenner

$$\frac{2}{3} * \frac{3}{4} => \frac{6}{12} => \frac{1}{2}$$

❽ Wie werden zwei Brüche dividiert?
Der zweite Bruch wird umgedreht (Kehrwert / Zähler wird Nenner, Nenner wird Zähler dann werden die Brüche multipliziert❼ .

$$\frac{2}{3} : \frac{3}{4} => \frac{2}{3} * \frac{4}{3} => \frac{8}{9}$$

02- negative Zahlen

$\mathbb{N}$ natürlichen (ganzzahligen) Zahlen: ab 0 (genauer $\mathbb{N}$ ab 1 / $\mathbb{N}_0$ mit 0)

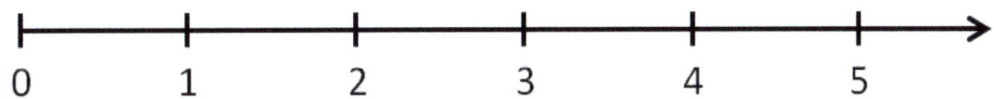

****

$\mathbb{Z}$ rationale Zahlen

alle $\mathbb{N}_0$ und zusätzlich auch alle natürlichen (ganzen Zahlen) mit einem Minus davor

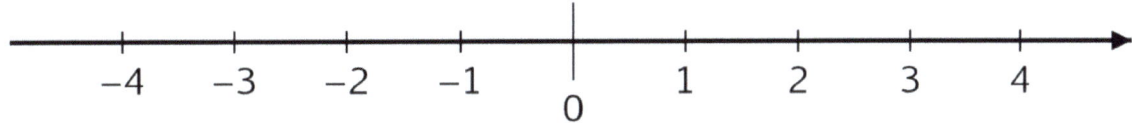

****

$\mathbb{Q}$ Menge der rationalen Zahlen

($\mathbb{N}_0$ und $\mathbb{Z}$) und zusätzlich auch Brüche zweier Natürlichen Zahlen

(1/3 = 0,3333... als periodische Zahl gehört dazu)

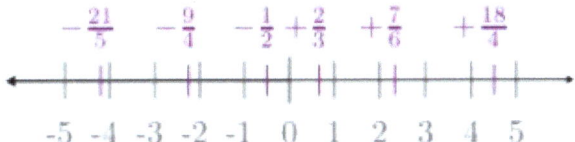

****

$\mathbb{R}$ irrationale Zahlen:

(($\mathbb{N}_0$ und $\mathbb{Z}$ und $\mathbb{Q}$) und auch nicht endliche, nicht periodische Zahlen

Wurzel2 = 1,4141 oder Pi = 3,145

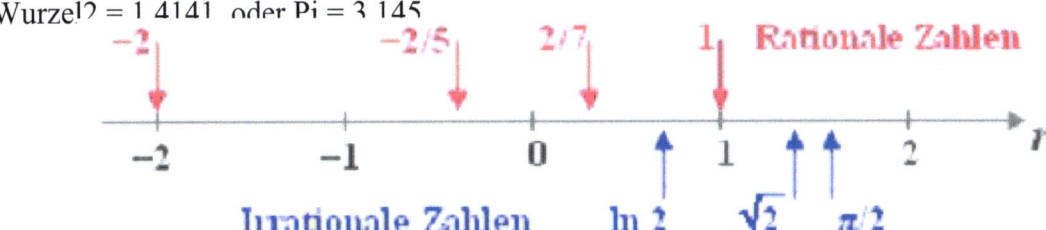

****

$\mathbb{C}$ komplexe Zahlen

Die imaginäre Einheit i kann definiert werden mit $i^2 = -1$. $\mathbb{C} = \{a + bi \mid a, b \in \mathbb{R}\}$
(Menge aller Zahlen von der Form a + bi, wobei a und b reelle Zahlen sind)
 i ist nicht auf der Zahlengeraden darstellbar.

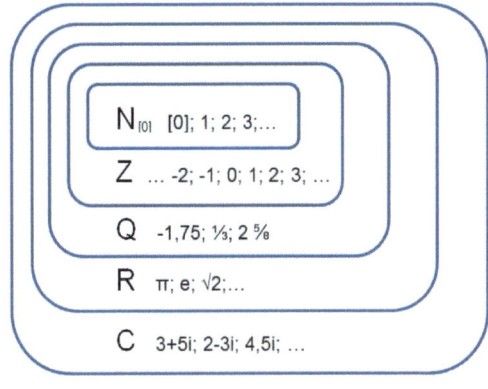

$N \subset Z \subset Q \subset R \subset C$

Aufgaben:

Alle Rechenarten vermischt, mit ganzen Zahlen und Klammern

Bitte rechne mit Zwischenschritten aus!

1- $45 : (-9) + (-26)$

2- $9 \cdot (-12) - (-10)$

3- $15 + (-6) \cdot (-2) - 16$

4- $(-64) : (-8) - (121 : (-11))$

4- $(-5) \cdot (12 : (-3))$

5- $(15 + (-6)) \cdot (-2) - 16$

6- $18 - ((-3) \cdot 12)$

7- $(17 - (-4)) : (-4 - 3)$

8- $15 + (-6) \cdot ((-2) - 16)$

9- $(-17 - 3) \cdot (4 - (-3))$

10- $(-8) \cdot (-3) + (4 \cdot (-7))$

11- $(32 - (-8)) : (-6 - (-5))$

Lösungen negative Zahlen:

$$45 : (-9) + (-26)$$

1- $\begin{aligned}= \quad & -5 - 26 \\ = \quad & -31\end{aligned}$

$$9 \cdot (-12) - (-10)$$

2- $\begin{aligned}= \quad & -108 + 10 \\ = \quad & -98\end{aligned}$

$$15 + (-6) \cdot (-2) - 16$$

3- $\begin{aligned}= \quad & 15 + 12 - 16 \\ = \quad & 27 - 16 \\ = \quad & 11\end{aligned}$

$$(-64) : (-8) - (121 : (-11))$$

4- $\begin{aligned}= \quad & 8 - (-11) \\ = \quad & 8 + 11 \\ = \quad & 19\end{aligned}$

$$(-5) \cdot (12 : (-3))$$

5- $\begin{aligned}= \quad & (-5) \cdot (-4) \\ = \quad & 20\end{aligned}$

$$(15 + (-6)) \cdot (-2) - 16$$

6- $\begin{aligned}= \quad & (15 - 6) \cdot (-2) - 16 \\ = \quad & 9 \cdot (-2) - 16 \\ = \quad & -18 - 16 \\ = \quad & -34\end{aligned}$

$$18 - ((-3) \cdot 12)$$

7- $\begin{aligned}= \quad & 18 - (-36) \\ = \quad & 18 + 36 \\ = \quad & 54\end{aligned}$

$$(17 - (-4)) : (-4 - 3)$$

8- $\begin{aligned}= \quad & (17 + 4) : (-7) \\ = \quad & 21 : (-7) \\ = \quad & -3\end{aligned}$

$$15 + (-6) \cdot ((-2) - 16)$$

9- $\begin{aligned}= \quad & 15 - 6 \cdot (-18) \\ = \quad & 15 - (-108) \\ = \quad & 15 + 108 \\ = \quad & 123\end{aligned}$

$$(-17 - 3) \cdot (4 - (-3))$$

10- $\begin{aligned}= \quad & (-20) \cdot (4 + 3) \\ = \quad & (-20) \cdot 7 \\ = \quad & -140\end{aligned}$

$$(-8) \cdot (-3) + (4 \cdot (-7))$$

11- $\begin{aligned}= \quad & 24 + (-28) \\ = \quad & 24 - 28 \\ = \quad & -4\end{aligned}$

$$(32 - (-8)) : (-6 - (-5))$$

12- $\begin{aligned}= \quad & (32 + 8) : (-6 + 5) \\ = \quad & 40 : (-1) \\ = \quad & -40\end{aligned}$

03 Zuordnungen und Dreisatz

Eine **Zuordnung** ordnet einem Wert einen anderen Wert eindeutig zu.

Um Zuordnungen zu beschreiben, benutzt man in der Mathematik folgenden Pfeil: $\longmapsto$

Beispiel: Am Eingang eines Geschäfts hängt eine Preistafel mit folgender Beschriftung:

    1 belegtes Brötchen kostet 2 Euro
    2 belegte Brötchen kosten 4 Euro
    3 belegte Brötchen kosten 6 Euro
    4 belegte Brötchen kosten 8 Euro

Der Anzahl der Brötchen lässt sich ihr Preis eindeutig zuordnen: Anzahl Brötchen $\longmapsto$ Preis Brötchen

$$1 \longmapsto 2 \quad 2 \longmapsto 4 \quad 3 \longmapsto 6 \quad 4 \longmapsto 8$$

Im Wesentlichen gibt es vier Möglichkeiten, um eine Zuordnung übersichtlich darzustellen:

a) Pfeildiagramm
b) Zuordnungstabelle (= Wertetabelle)
c) Koordinatensystem
d) Mathematische Vorschrift (= Zuordnungsvorschrift)

a)
$$1 \longmapsto 2$$
$$2 \longmapsto 4$$
$$3 \longmapsto 6$$
$$4 \longmapsto 8$$

Ausgangswert	zugeordneter Wert
1	2
2	4
3	6
4	8

b)

Ausgangswert	1	2	3	4
zugeordneter Wert	2	4	6	8

c)

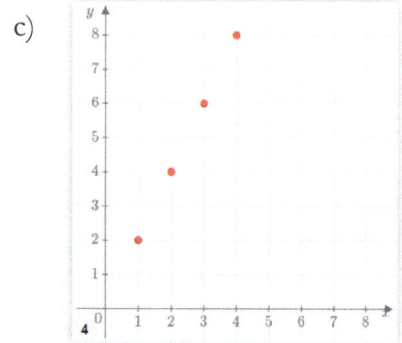

d)

Anzahl Brötchen	1	2	3	4
Preis	$2 \cdot 1$	$2 \cdot 2$	$2 \cdot 3$	$2 \cdot 4$

Anzahl Brötchen	1	2	3	4	...	x
Preis	$2 \cdot 1$	$2 \cdot 2$	$2 \cdot 3$	$2 \cdot 4$	...	$2 \cdot x$

Zuordnungsvorschrift: $x \longmapsto 2 \cdot x$

Proportionale Zuordnung:

Er ist auch als gerader Dreisatz bekannt. Die einzelne Werte verhalten sich proportional zueinander Das heißt, sie wachsen oder schrumpfen im gleichen Verhältnis. Wenn also zwei Größen A und B vorhanden sind, wächst B, wenn A wächst, und umgekehrt.

1 Döner kostet 5,- Euro => 2 Döner kosten 10,- Euro

Proportionale Zuordnung:

Bei einer antiproportionalen Zuordnung wachsen die gegebenen Größen nicht im gleichen Maß. Folglich sind sie umgekehrt proportional zueinander. Dies bedeutet: Wenn A sich vergrößert, verringert sich B.

1 Mauer braucht für eine Mauer 6 Stunden => 2 Maurer brauchen dafür 3 Stunden.

Der **Dreisatz** ist auch unter dem Namen Schlussrechnung bekannt.
Man zieht aus einem gegebenen Zahlenpaar den Schluss, wie sich ein anderes Zahlenpaar wohl verhält.

Beispiel: ***Zwei Maschinen stellen zusammen 250 Teile her..***
Wie viele Teile schaffen 5 Maschinen?

Drei Sätze hat man dann:

Den Ausgangssatz, -
den Bezug auf die Einheit und
den Bezug auf das Vielfache.

Für den ersten Satz schreibt man einfach nur die gegebenen Werte auf.

zwei Maschinen stellen 250 Teile her

Für den zweiten Satz teilt man
beide gegebenen Werte des ersten Satzes
durch den ersten Wert
um darauf zu kommen,
in welchem Verhältnis
die beiden Zahlen zueinander stehen

zwei / zwei = eine Maschine
250 / 2 = 125 Teile

eine Maschine stellt 125 Teile her

Der dritte Satz ist dann der,
bei dem die beiden Werte des zweiten Satzes
mit der gefragten Größe multipliziert wurden.

eine Maschine * 5 = 5 Maschine
125 Teile * 5 = 625 Teile

5 Maschinen stellen 625 Teile her

Das einzige Problem, dass man in der Praxis hat:

Man muss erkennen, ob man einen **geraden (proportionalen)**
oder einen **ungeraden (unproportionalen oder antiproportionaler)** Dreisatz vor sich hat!

Bei dem **geraden Dreisatz** gilt die Regel:

Je mehr, desto mehr, d. h. der erste und der zweite Wert steigen proportional an.

Bei dem geraden Dreisatz ist es immer so, dass der zweite Wert größer wird wenn man den ersten

Wert größer macht.

Beispiel: 2 Tafeln Schokolade kosten 1,10 Euro. Was kosten 5 Tafeln Schokolade?

Beim **ungeraden Dreisatz** ist es genau anders herum:

Je mehr, desto weniger, d.h. wird der erste Wert größer, muss der zweite kleiner werden, also ein

antiproportionales Verhältnis.

Beispiel: Zum Ausschachten einer Grube benötigen vier Bauarbeiter acht Stunden.
Wie lange brauchen 6 Bauarbeiter für diese Arbeit?

Aufgaben Zuordnungen:

1)
Gib bitte an, ob die Zuordnung proportional oder antiproportional ist.

a)

x	5	10	15	20	25
y	12	6	4	3	2,4

Die Zuordnung ist: _____

b)

x	1	2	3	4	5
y	2,5	5	7,5	10	12,5

Die Zuordnung ist: _____

2)
Ergänze bitte die Tabelle, so dass die Zuordnung in Aufgabe a) proportional und in b) antiproportional ist.

a)

x	3	6	9	12	15
y	1,5				

b)

x	3	6	9	12	15
y	12				

3)
Die Mathematiklehrerin Frau Klein benötigt für die Korrektur von
5 Klassenarbeiten 1 Stunde und 50 Minuten.

   a)   Wie viel Zeit benötigt sie für eine Arbeit einer Klasse mit 28 Schülern?

   b)   Wie viele Arbeiten schafft sie in 7 Stunden und 20 Minuten?

   c)   Versuche bitte eine allgemeine Zuordnung zu erstellen.

4) Bitte gebe an, um welche Art von Zuordnung es sich jeweils handelt:

   a)_____   b) _____

a	x	1	2	3	4	6
	y	3	6	9	12	18

b	x	1	2	3	4	6
	y	18	9	6	4,5	3

5) Ordne bitte die Graphen den jeweiligen Situation zu.

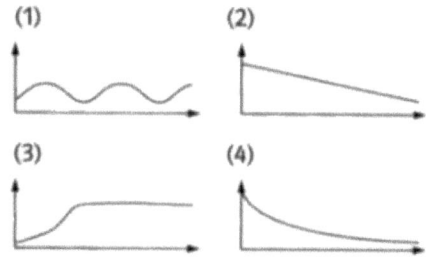

(1)   (2)

(3)   (4)

Brenndauer → Höhe einer brennenden Kerze	
Alter eines Menschen → Körpergröße	
Zeit → Abstand vom Boden zum Schaukelbrett	
Zeit → Temperatur eines sich abkühlenden Getränks	

Aufgaben Dreisatz:

1- Ein Auto schafft 4 km in 6 Minuten.
   Wie viel Zeit benötigt es für 48 km?

2- In einer Fabrik stellen 4 Maschinen in 6 Stunden 1.250 Autoteile her.
   Wie lange brauchen dafür 3 Maschinen?

3- Markus kauft Schulhefte. Er bezahlt 4,80 Euro für 6 Hefte. Martin braucht 17 Hefte.
   Wie viel muß er bezahlen?

4- Drei Arbeiter schaffen eine Arbeit in 6 Stunden.
   Wann sind 2 Arbeiter damit fertig?

5- Für 36 m Stoff zahlt ein Kaufmann 396,- Euro.
   Wie viel muß er für 24 m zahlen?

6- Ein LKW fährt in zwei Stunde 140 km.
   Wie weit kommt er in 40 Minuten?

7- Für 12 Kühe reicht der Futtervorrat 18 Tage.
   Wie lange reicht der Vorrat bei 27 Kühen?

8- Eine Maschine stanzt in 6 Stunden 2.400 Einzelteile. Es werden 3.000 Einzelteile benötigt.

9- Fünf Pumpen leeren ein Schwimmbecken in 24 Minuten.
   Wie lange brauchen 4 Pumpen?

10- In einem chemischen Labor brennen täglich 6 Bunsenbrenner von gleicher Brennstärke
    zwölf Stunden.
    Wie viele Bunsenbrenner können an das Gas angeschlossen werden, die täglich nur 8 Stunden
    brennen?

11- 24 Arbeiter bauen in 30 Arbeitstagen 120 Maschinen zusammen. Für einen Auftrag über 100
    Maschinen stehen 40 Arbeitstage zur Verfügung.
    Wie viele Arbeiter werden dafür benötigt?

12- Zwei Maurer errichten eine Backsteinwand. Für diese Arbeit werden 10 Tage veranschlagt. Nach
    vier Tagen kommt ein dritter Maurer hinzu.
    Wie viele Tage dauert es nun insgesamt, die Wand hochzuziehen?

Lösungen Zuordnungen:

1)
Gib bitte an, ob die Zuordnung proportional oder antiproportional ist.

a)

x	5	10	15	20	25
y	12	6	4	3	2,4

Die Zuordnung ist: _____

antiproportional

b)

x	1	2	3	4	5
y	2,5	5	7,5	10	12,5

Die Zuordnung ist: _____

proportional

2)
Ergänze bitte die Tabelle, so dass die Zuordnung in Aufgabe a) proportional und in b) antiproportional ist.

a)

x	3	6	9	12	15
y	1,5				

3   4,5   6   7,5

b)

x	3	6	9	12	15
y	12				

6   4   3   3

3)
Die Mathematiklehrerin Frau Klein benötigt für die Korrektur von
5 Klassenarbeiten 1 Stunde und 50 Minuten.

d) Wie viel Zeit benötigt sie für eine Arbeit einer Klasse mit 28 Schülern? **10 Stunden 16 Minuten**

e) Wie viele Arbeiten schafft sie in 7 Stunden und 20 Minuten? **20 Klassenarbeiten**

f) Versuche bitte eine allgemeine Zuordnung zu erstellen.

4) Bitte gebe an, um welche Art von Zuordnung es sich jeweils handelt:

a	x	1	2	3	4	6
	y	3	6	9	12	18

b	x	1	2	3	4	6
	y	18	9	6	4,5	3

a)_____ b) _____
proportional   **antiproportional**

5) Ordne bitte die Graphen den jeweiligen Situation zu.

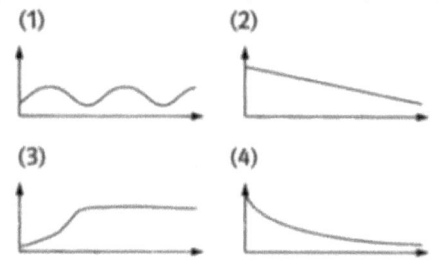

(1)   (2)
(3)   (4)

Brenndauer → Höhe einer brennenden Kerze		2
Alter eines Menschen → Körpergröße		3
Zeit → Abstand vom Boden zum Schaukelbrett		1
Zeit → Temperatur eines sich abkühlenden Getränks		4

Lösungen Dreisatz:

1- Ein Auto schafft 4 km in 6 Minuten. Wie viel Zeit benötigt es für 48 km?
4 km = 6 min / 1 km = 6/4 min / 48 km = 6/4 * 48 min = 72 min

3- In einer Fabrik stellen 4 Maschinen in 6 Stunden 1.250 Autoteile her.
Wie lange brauchen dafür 3 Maschinen?
4 M = 6 Std / 1 M = 6 * 4 Std / 3 M = 6 * 4 / 3 Std = 8 Std

3- Markus kauft Schulhefte. Er bezahlt 4,80 Euro für 6 Hefte. Martin braucht 17 Hefte.
Wie viel muß er bezahlen?
6 H = 4,80 € / 1 H = 4,80 / 6 € / 17 H = 4,80 / 6 * 17 € = 13,60 €

4- Drei Arbeiter schaffen eine Arbeit in 6 Stunden. Wann sind 2 Arbeiter damit fertig?
3 A = 6 Std / 1 A = 6 * 3 Std / 2 A = 6 * 3 / 2 Std = 9 Std

5- Für 36 m Stoff zahlt ein Kaufmann 396,- Euro. Wie viel muß er für 24 m zahlen?
36 m = 396 € / 1 m = 396 / 36 € / 24 m = 396 / 36 * 24 € = 264,- €

6- Ein LKW fährt in zwei Stunde 140 km.   Wie weit kommt er in 40 Minuten?
2 Std=120 min// 120 min = 140 km / 1 min = 140/120 km / 40 min = 140/120 * 40= 46,4 km

11- Für 12 Kühe reicht der Futtervorrat 18 Tage. Wie lange reicht der Vorrat bei 27 Kühen?
12 K = 18 T / 1 K = 18 * 12 T / 27 K = 18 * 12 / 27 T = 8 T

12- Eine Maschine stanzt in 6 Stunden 2.400 Einzelteile. Es werden 3.000 Einzelteile benötigt.
24 T = 6 Std / 1 T = 6 / 24 Std / 30 T = 6 / 24 * 30 Std = 7,5 Std

13- Fünf Pumpen leeren ein Schwimmbecken in 24 Minuten.   Wie lange brauchen 4 Pumpen?
5 P = 24 min / 1 P = 24 * 5 min / 4 P = 24 * 5 / 4 min = 30 min

14- In einem chemischen Labor brennen täglich 6 Bunsenbrenner von gleicher Brennstärke
zwölf Stunden. Wie viele Bunsenbrenner können an das Gas angeschlossen werden, die täglich
nur 8 Stunden brennen?
12 Std = 6 BB / 1 Std 6 * 12 BB / 8 Std = 6 * 12 / 8 BB = 9 BB

11- 24 Arbeiter bauen in 30 Arbeitstagen 120 Maschinen zusammen. Für einen Auftrag über 100
Maschinen stehen 40 Arbeitstage zur Verfügung.   Wie viele Arbeiter werden dafür benötigt?
2 Rechnungen erforderlich:(jeweils ein Faktor wird nicht verändert,zuerst 24 A, dann 40 T)
1. Rechnung: 30 T = 120 M // 1 T = 120 / 30 M // 40 T = 120 /30 * 40 M = 160 M
40 T = 160 M = 24 A
2. Rechnung: 24 A = 40 T = 160 M //
160 M = 24 A // 1 M = 24 / 160 A // 100 M = 24 /160 * 100 A = 14 A

12- Zwei Maurer errichten eine Backsteinwand. Für diese Arbeit werden 10 Tage veranschlagt. Nach
vier Tagen kommt ein dritter Maurer hinzu.
Wie viele Tage dauert es nun insgesamt, die Wand hochzuziehen?
Gesamte Leistung, die zu erbringen ist:
1 Arbeitseinheit (AE) = 8 Std => 2 Maurer = 16 Std => 2 Maurer an 10 Tagen: 160 Std
(AE = 8 Std = willkürliche Festlegung, dienst nur als Zwischenrechnung)
2 Maurer an 10 Tagen = 160 Std => 2 Maurer an 1 Tag = 16 Std (3 Maurer 1 Tag = 24 Std)
1 Tag (2 Maurer) = 16 Std => 4 Tage (2 Maurer) = 16 * 4 = 64 Std.
160 Std (Gesamt) - 64 Std (2 M 4T) = 96 Stunden Restarbeit
96 Std / 24 Std (Arbeitsleistung 3 Maurer / Tag) = 4 Tage
4 Tage am Anfang zu zweit plus 4 Tage am Ende zu dritt = 8 Tage insgesamt

04 Prozent- und Zinsrechnung

Prozent gibt den Anteil an einer Gesamtgröße an.
Das Wort "Prozent" leitet sich vom italienischen "per cento" ab. Es bedeutet "von Hundert".
Also wird die Gesamtgröße gleich 100 gesetzt und dann der entsprechende Anteil berechnet.

$$30\,\% \qquad \text{von} \qquad 1300\text{ kg} \qquad = \frac{30}{100} \cdot 1300kg = 390kg$$

↑   ↑   ↑

Prozentsatz: p%   *Grundwert: G*   *Prozentwert: W*

Aus dem Prozentsatz p% und dem Grundwert G berechnet man den

Prozentwert W:

$$W = \frac{p}{100} \cdot G$$

Berechnung des **Grundwertes G:**

$$G = \frac{W \cdot 100}{p}$$

Berechnung des **Prozentwertes p:**

$$P = \frac{W \cdot 100}{G}$$

In der **Zinsrechnung** sind

K das zu **verzinsende Kapital**
p% der **Zinssatz**
Z die **Jahreszinsen**

1. Berechung der Jahreszinsen:

$$Z = \frac{K \cdot p}{100}$$

Beispiel: K = 18.000,- €, p = 9

$$Z = \frac{18000 \cdot 9}{100} € = 2000€$$

2. Berechung des Kapitals:

$$K = \frac{Z \cdot 100}{p}$$

Beispiel: Z = 360,- €, p = 9

$$K = \frac{360 \cdot 100}{9} € = 4000€$$

3. Berechnung des Zinssatzes:

$$p = \frac{Z \cdot 100}{K}$$

Beispiel: K = 10.000 €, Z = 750,- €

$$K = \frac{750 \cdot 100}{10000} = \frac{750}{100} = 7,5$$ In diesem Fall ist dann der Zinssatz 7,5%.

Werden die Zinsen nicht pro Jahr, sondern pro Tag berechnet,
so gilt für die **Tageszinsen Z_t** , wenn t die Anzahl der Zinstage ist:

$$Z_t = \frac{K \cdot p \cdot t}{100 \cdot 360}$$

Beispiel: K = 20.000,- €, p = 7, t = 90

$$Z_t = \frac{20000 \cdot 7 \cdot 90}{100 \cdot 360} € = 350€$$

Werden die jährlich anfallenden Zinsen dem Kapital zugeschlagen und in den weiteren Jahren mitverzinst,
so spricht man von **Zinseszinsen**.

Ein Anfangskapital K_0 wächst in n Jahren auf das Endkapital K_n an:

$$K_n = K_0 \cdot (\frac{1 + p}{100})^n$$ Beispiel: Anfangskapital K_0=6.000,- €, p = 8,5, n = 5

$$K_5 = 6000 \cdot (1 + \frac{8,5}{100})^5 = 6000 \cdot 1,0855 = 6513,00€$$

Aufgaben Prozentrechnungen:

1) Berechne bitte die fehlende Werte!

Grundwert	Prozentwert	Prozentsatz
400	8	? ❶
80	? ❷	7 %
50	? ❸	0,5 %
? ❹	1/2	20 %
3/8	3/16	? ❺
1/5	? ❻	15 %
? ❼	0,27	30 %
25	1/5	? ❽
100.000	? ❾	3,27 %
60	0,75	? ❿

❶ _____

❷ _____

❸ _____

❹ _____

❺ _____

❻ _____

❼ _____

❽ _____

❾ _____

❿ _____

2)

Der Preis einer Küche liegt bei 23.925 EUR.

Der Verkäufer verkauft jedoch an den Kunden für 21.054 EUR.

Wie viel Prozent liegt der Verkaufspreis unter dem eigentlichen Preis?

Aufgaben Zinsrechnung:

Aufgabe 1:

Wie viele € Zinsen bringt in einem Jahr ein Kapital von
a- 400 €   b- 3.000 €   c- 550 €   d- 7.300 €   e- 5.430,-
bei einem Zinssatz von 4 %.

Aufgabe 2:   Herr Müller leiht sich bei seiner Bank 6.000 € zu einem Zinssatz von 9 %.
Wie viel € Zinsen muß er nach 1 Jahr (3 Jahren) zahlen?

Aufgabe 3:   Frau Müller leiht sich bei einer Sparkasse 5.000 € zu einem Zinssatz von 10 %.
Wie viel € Zinsen muß sie nach 1 Jahr (4 Jahren) zahlen?

Aufgabe 4:   Herr Müller hat auf seinem Sparkonto am Jahresanfang ein Guthaben von 5.200 €.
Am Ende des Jahres erhält er 156,- € Zinsen. Wie hoch ist der Zinssatz?

Aufgabe 5:   Herr Ziegler erhält ein Darlehen über 9.000,- €.
Nach einem halben Jahr zahlt er 9.405,- € zurück. Wie hoch ist der Zinssatz?

Aufgabe 6:   In einer Zeitungsanzeige steht: „ *Wer leiht mir 8.000,- €, zahle nach 7 Monaten 8.500,- €*
zurück." Mit welchem Zinssatz will der Inserent das Geld verzinsen?

Aufgabe 7:   Ein Kaufmann nimmt einen Kredit zu 9,5 % auf. Vierteljährlich zahlt er 285,- € Zinsen.
Wie hoch ist der Kredit?

Aufgabe 8:   Frank hat auf seinem Sparkonto 1.350,- €. Der Zinssatz beträgt 4%.
Nach wie vielen Monaten bekommt er 31,50 € Zinsen?

Aufgabe 9:   Frau Blume hat 5.000,- € zu 8,5 % verliehen. Nach vielen Tagen erhält sie 300,- € Zinsen?

Aufgabe 10:   Ein Girokonto ist mit 4.500 € überzogen. Der Überziehungskredit wird mit 12,5% jährlich
verzinst. Wie viel Zinsen sind für einen Zeitraum von 3 Monaten und 5 Tagen zu zahlen?

Aufgabe 11:   Friedrich Naumann, Inhaber eines Lebensmittel-Einzelhandelsgeschäfts in Köln, stellt
beim Durchsehen seiner noch offenen Lieferantenrechnungen fest, dass er für eine
Rechnung über 860,00 Euro das Zahlungsziel der Groha GmbH, Düsseldorf um 10 Tage
überzogen hat.
Wie viel Euro muss er seinen Lieferanten überweisen, wenn Naumann laut
Zahlungsbedingungen der Goha GmbH 8% Verzugszinsen bezahlen muss??

Lösung Prozentrechnung:

1)

Grundwert	Prozentwert	Prozentsatz
400	8	**2 %**
80	**5,6**	7 %
50	**0,25**	0,5 %
2,5	1/2	20 %
3/8	3/16	**50 %**
1/5	**0,03**	15 %
0,9	0,27	30 %
25	1/5	**0,8 %**
100.000	**3270**	3,27 %
60	0,75	**1,25 %**

2)

Der Preis einer Küche liegt bei 23925 EUR. Der Verkäufer verkauft jedoch an den Kunden für 21054 EUR. Wie viel Prozent liegt der Verkaufspreis unter dem eigentlichen Preis?

Preis: 23925 EUR
Kaufpreis: 21054 EUR

Gesucht wird Prozentsatz: $p = W/G \times 100\%$

$G = 23925$ EUR

$W = 23925$ EUR - 21054 EUR = 2871 EUR

$p = 2871/23925 \times 100\% = 12\%$

Der Verkaufspreis liegt 12 Prozent unter dem eigentlichen Preis.

Lösungen Zinsrechnungen:

1-   a- 16 €   b- 120 €   c- 22 €   d- 292 €   e- 217,20 €

2-   1 Jahr: 540 €   3 Jahren: 1.620,- €

3-   1 Jahr: 525 €   4 Jahren: 2.100,- e

4-   3 %

5-   9 %

6-   10,71 %

7-   12.000,- €

8-   7 Monate

9-   254 Tage

10-

Jahreszins:

$$Z = \frac{K * p}{100}$$

$$Z = \frac{4.500\,€ * 12,5}{100} = \frac{56.250\,€}{100} = 562,50\,€ \text{ pro Jahr}$$

3 Monate und 5 Tage = 95 Tage (alle Monate werden finanzmathematisch mit 30 Tagen angesetzt)
360 Tage = 562,50 €
   1 Tag   = 562,50 € / 360   (das Jahr wird finanzmathematisch mit 360 Tagen angesetzt)
   1 Tag   =   1,5625 €
   95 Tage =   148,44 €

oder anderer Lösungsweg:

Tageszinsen:

$$Z_t = \frac{K * p * t}{100 * 360} \qquad t = \text{Tage}$$

$$Z_t = \frac{4.500\,€ * 12,5 * 95}{100 * 360} = \frac{56.250\,€ * 95}{36.000} = \frac{5.343.750\,€}{36.000} = \textbf{148,44 €}$$

05 lineare Funktionen

Lineare Funktionen haben eine Gleichung von der Form

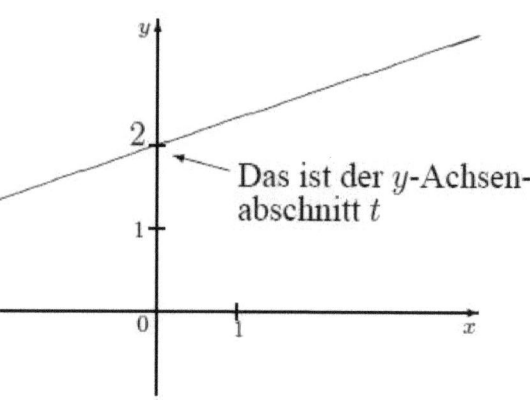

$$y = mx + t$$

Steigung m y-Achsenabschnitt t

Das ist der y-Achsen-abschnitt t

also z. B.

$$y = \tfrac{1}{3}x + 2$$

Die Zahl, die „alleine ohne x" dasteht (die Konstante, hier 2), ist der y-**Achsenabschnitt** und zeigt, wo die Gerade die y-Achse schneidet (Einsetzen von $x = 0$, → Grundwissen 8. Klasse: Funktionen verstehen)

Die Zahl, die „bei x dabeisteht" (der Koeffizient von x, hier $\tfrac{1}{3}$), ist die **Steigung**. Die Steigung $\tfrac{1}{3}$ bedeutet: Für je 1 Schritt nach rechts muss man gleichzeitig $\tfrac{1}{3}$ nach oben gehen, oder bequemer: 3 nach rechts, 1 nach oben.

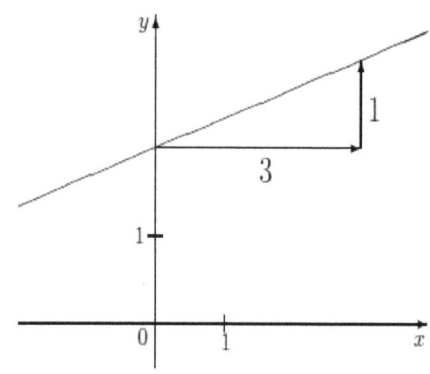

Steigung $\dfrac{1}{3}$ 3 nach rechts
1 nach oben

Damit die Zeichnung genauer wird, kann man das Steigungsdreieck mehrmals anhängen.

Besonderheiten:
- Steigung ist ganze Zahl, z. B. $y = 2x + 1{,}5 = \tfrac{2}{1}x + 1{,}5$:
  1 nach rechts, 2 nach oben
- Negative Steigung, z. B. $y = -2x + 1{,}5$: Abb. 1
  Fallende Gerade: 1 nach rechts, 2 nach unten
- Keine Konstante: $y = mx$, z. B. $y = 1{,}5x = \tfrac{3}{2}x = \tfrac{3}{2}x + 0$: Abb. 2
  y-Achsenabschnitt ist 0, die Gerade geht durch den Ursprung (Proportionalität)
- Kein x-Term, z. B. $y = 2 = 0 \cdot x + 2$: Abb. 3
  Steigung 0, waagrechte Gerade in „Höhe" 2
- Steigung 1, z. B. $y = x - 2 = \tfrac{1}{1}x - 2$: Abb. 4
- Steigung -1, z. B. $y = -x = -\tfrac{1}{1}x$: Abb. 5
- Wenn die Gleichung der Geraden nicht in der Form $y = \dots$ gegeben ist, so muss man sie zuerst nach y auflösen (z. B. $x + y = 0$ ergibt die Gerade aus Abb. 5).

Aufgaben lineare Funktionen:

Zeichne bitte die Geraden $y=3x-2$ und $y=-3/4x+1$ in ein Koordinatensystem

Aufgaben lineare Funktionen:

Zeichne bitte die Geraden $y=3x-2$ und $y=-3/4x+1$ in ein Koordinatensystem

Lösungen lineare Funktionen:

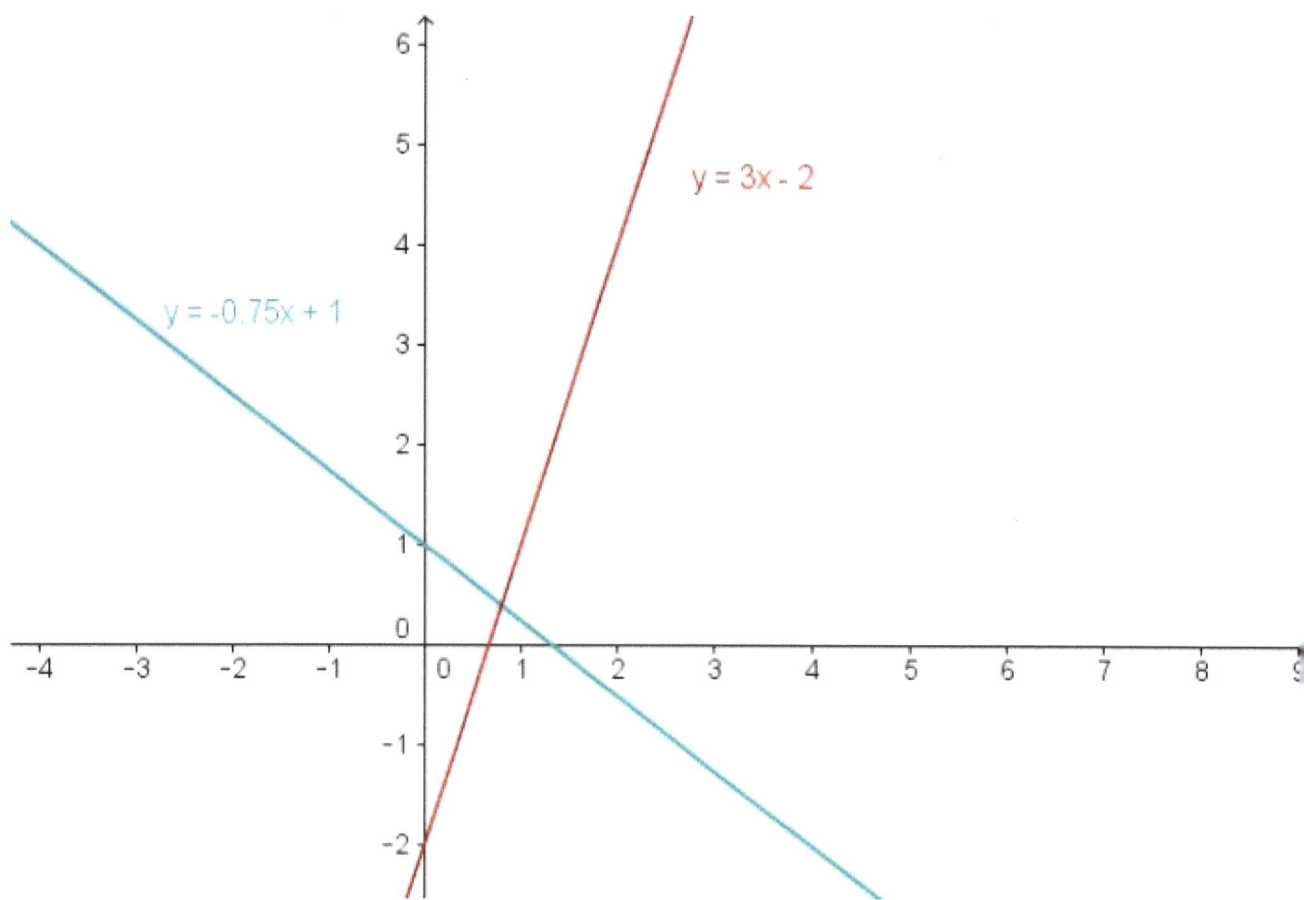

06 lineare Gleichungssystem:

Üblicherweise wird ein solches **Gleichungssystem** wie folgt aufgeschrieben:

$$Ax + Ky = S$$
$$Bx + Ly = T$$

Dabei stehen x und y für die beiden unbekannten Werte, die es zu berechnen gilt; die Grossbuchstaben ändern ihren Wert, je nach den Erfordernissen der Aufgabe. So könnte eine solche Aufgabe etwa so aussehen:

$$3x - 2y = -8$$
$$4x + 6y = -12$$

Hier wäre also A = 3, K = -2, S = -8

Es gibt nun 3 verschiedene Verfahren, um diese **Gleichung** zu lösen:

Gleichsetzungsverfahren

Dieses Verfahren bietet sich an, wenn beide **Gleichungen** nach y (oder beide nach x) aufgelöst sind, etwa so:

$$y = -2x + 8$$
$$y = 3x - 6$$

Hier kommt man zu einer Gleichung mit einer Unbekannten, indem man ansetzt:

$$y = y$$
$$-2x + 8 = 3x - 6$$

Dann wird diese Gleichung nach x auflöst. Den x-Wert setzt man in eine der beiden Ausgangsgleichungen ein und erhält den dazugehörigen y-Wert.

Einsetzungsverfahren

Auch dieses Verfahren eignet sich in einem besonderen Fall, nämlich dass nur eine der Gleichungen nach y (oder x) aufgelöst ist. In diesem Fall kommt man wie folgt zu einer **Gleichung mit einer Unbekannten**:

$$y = -2x + 8$$
$$4x + 6y = -12$$

$$4x + 6(-2x +8) = -12$$

Was ist passiert? Man muß einfach die rechte Seite der 1. Gleichung (entspricht dem y) in das y der 2. Gleichung einsetzen. Dann wird die Gleichung nach x aufgelöst und der Wert wieder in eine der beiden Gleichungen eingesetzt um y herauszubekommen.

Additionsverfahren

Sicher das mächtigste der Verfahren, denn es passt für den allgemeinen (normalen) Fall. Hier wird ein cleveres Rechenschema verwendet, dessen Funktionsweise hier nur an einem Beispiel demonstriert werden soll. Gegeben sei die Aufgabenstellung:

$$3x - 2y = -8$$
$$4x + 6y = -12$$

Um nur das x zu bekommen muss man das y „rauswerfen", dazu multipliziert man die obere Gleichung mit 3, dann steht in beiden Gleichungen eine 6 vor dem y:

$$3x - 2y = - 8 \ (*3)$$
$$4x + 6y = -12 \ \text{(unverändert)}$$

$$9x - 6y = -24 \ \text{(Spaltenweise untereinander addieren!)}$$
$$4x + 6y = -12$$

$$13x = -36$$

Nach x auflösen und dann den x-Wert in eine Gleichung einsetzen. Dann erhält man y.

Lineares System

2 Gleichungen mit Variablen

❶ ...x + ...y = ... und ❷ __x + __ + y = __

Anwendung von Gleichsetzungs-, Einsetzungs- und Additionsverfahren

1. Gleichung (mit Variable)
Umformen.

1. Fall:	2. Fall:	3. Fall:
z.B. x = 2	z. B. 0 = 3	z. B. 0 = 0
y = 1	L={}	L={x; y | ...x+...y=... x ; $y \in \square$ }

Geometrische Interpretation: **Die Geraden schneiden sich.** Geometrische Interpretation: **Die Geraden laufen parallel.** Geometrische Interpretation: **Die Geraden sind identisch.**

z. B. y = x-1; y = -2x + 5   z. B. y = ½ x + 2   z. B. y = 2x + 1
                                      y = ½ x - 1   2y = 4x + 2

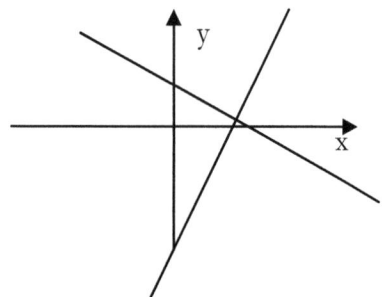   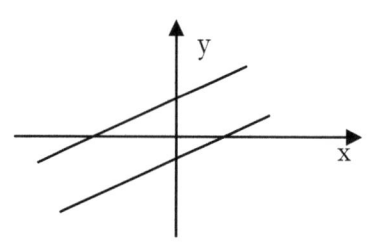   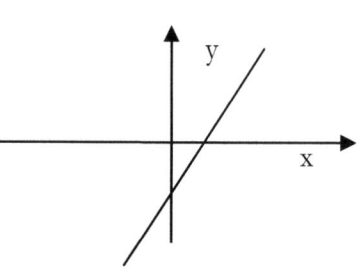

Aufgaben lineare Gleichungssysteme:

Bitte überlege, welches der drei Verfahren für die jeweilige Aufgabe am sinnvollsten ist,
begründe kurz und löse bitte dann das Gleichungssystem (bitte auf 3 Stellen nach dem Komma).

Gleichungssystem 1:

❶ $4x - 7y = 28$
❷ $2x - 12 = 2y$

Am besten geeignet ist das _____-verfahren, weil _____.

Gleichungssystem 2:

❶ $6x + 11y = 31$
❷ $-2x - 7y = 12$

Am besten geeignet ist das _____-verfahren, weil _____.

Gleichungssystem 3:

❶ $3x + 40 = y$
❷ $y = 12 - 5x$

Am besten geeignet ist das _____-verfahren, weil _____.

Gleichungssystem 4:

❶ $y = 4x - 7$
❷ $2x - 12y = 9$

Am besten geeignet ist das _____-verfahren, weil _____.

Gleichungssystem 5:

❶ $4x - 9y = 3$
❷ $-8x - 4y = 12$

Am besten geeignet ist das _____-verfahren, weil _____.

Gleichungssystem 6:

❶ $x = -4y + 9$
❷ $-7y - 8 = x$

Am besten geeignet ist das _____-verfahren, weil _____.

Gleichungssystem 7:

❶ $-7x - 9y = 4$
❷ $7x - 8y = 12$

Am besten geeignet ist das _____-verfahren, weil _____.

Gleichungssystem 8:

❶ $9x - 4y = 8$
❷ $-18y - 4x = 7$

Am besten geeignet ist das _____-verfahren, weil _____.

Lösungen lineare Gleichungssysteme (bitte auf 3 Stellen nach dem Komma):

Gleichungssystem 1:

❶ $4x - 7y = 28$
❷ $2x - 12 = 2y$

Am besten geeignet ist das **Einsetzungs**verfahren, weil man die Gleichung ❷ nur noch durch 2 dividieren muss. $y = -1{,}333$ und $x = 4{,}667$.

Gleichungssystem 2:

❶ $6x + 11y = 31$
❷ $-2x - 7y = 12$

Am besten geeignet ist das **Additions**verfahren, weil man die Gleichung ❷ nur noch mit 3 multiplizieren muss $y = -6{,}700$ und $x = 17{,}450$.

Gleichungssystem 3:

❶ $3x + 40 = y$
❷ $y = 12 - 5x$

Am besten geeignet ist das **Gleichsetzungs**verfahren, weil man die beiden Gleichungen gleichsetzen kann, sie sind schon nach y umgeformt. $y = 29{,}500$ und $x = -3{,}500$.

Gleichungssystem 4:

❶ $y = 4x - 7$
❷ $2x - 12y = 9$

Am besten geeignet ist das **Einsetzungs**verfahren, weil man y gleich in die Gleichung ❷ einsetzen kann. $y = -0{,}478$ und $x = 1{,}63$.

Gleichungssystem 5:

❶ $4x - 9y = 3$
❷ $-8x - 4y = 12$

Am besten geeignet ist das **Additions**verfahren, weil man die Gleichung ❶ nur noch mit −2 multiplizieren muss $y = -0{,}818$ und $x = -1{,}091$.

Gleichungssystem 6:

❶ $x = -4y + 9$
❷ $-7y - 8 = x$

Am besten geeignet ist das **Gleichsetzungs**verfahren, weil man die Gleichung gleichsetzen kann. $y = -5{,}667$ und $x = 31{,}667$.

Gleichungssystem 7:

❶ $-7x - 9y = 4$
❷ $7x - 8y = 12$

Am besten geeignet ist das **Additions**verfahren, weil man x gleich auflösen kann. $y = -0{,}941$ und $x = 0{,}639$.

Gleichungssystem 8:

❶ $9x - 4y = 8$
❷ $-18y - 4x = 7$

Am besten geeignet ist das **Gleichsezungsverfahren.**

$y = -0{,}586$ und $x = 0{,}889$.

07 Strahlensätze:

1. Strahlensatz:

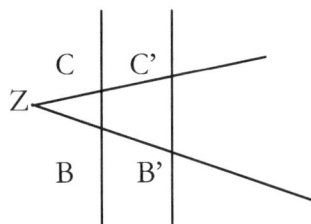

Wenn 2 Strahlen, die von einem Punkt Z ausgehen, von 2 parallelen Geraden geschnitten werden, dann gilt:

> **Die Abschnitte auf dem einen Strahl und die entsprechenden Abschnitte auf dem anderen Strahl haben das gleiche Streckenverhältnis.**

Das heißt, es gilt:

$$\frac{ZB'}{ZB} = \frac{ZC'}{ZC} \text{ und auch:}$$

$$\frac{BB'}{ZB} = \frac{CC'}{ZC}$$

> **Eine gute Regel zum Merken ist:**
>
> $$\frac{Lang}{Kurz} = \frac{Lang}{Kurz}$$

2. Strahlensatz:

> so verhalten sich die parallelen Abschnitte wie die entsprechenden Scheitelabschnitte auf dem einen Strahl (oder dem anderen Strahl).

$$\frac{AA'}{B'B} = \frac{ZA}{ZB'}$$

Beim 2. Strahlensatz ist es ja fast das gleiche, aber hier werden auch die Abschnitte auf den Parallelen betrachtet... ☺

> **Eine gute Regel zum Merken ist:**
>
> $$\frac{Lang}{Kurz} = \frac{Lang}{Kurz}$$

Aufgaben zu Strahlensätze:

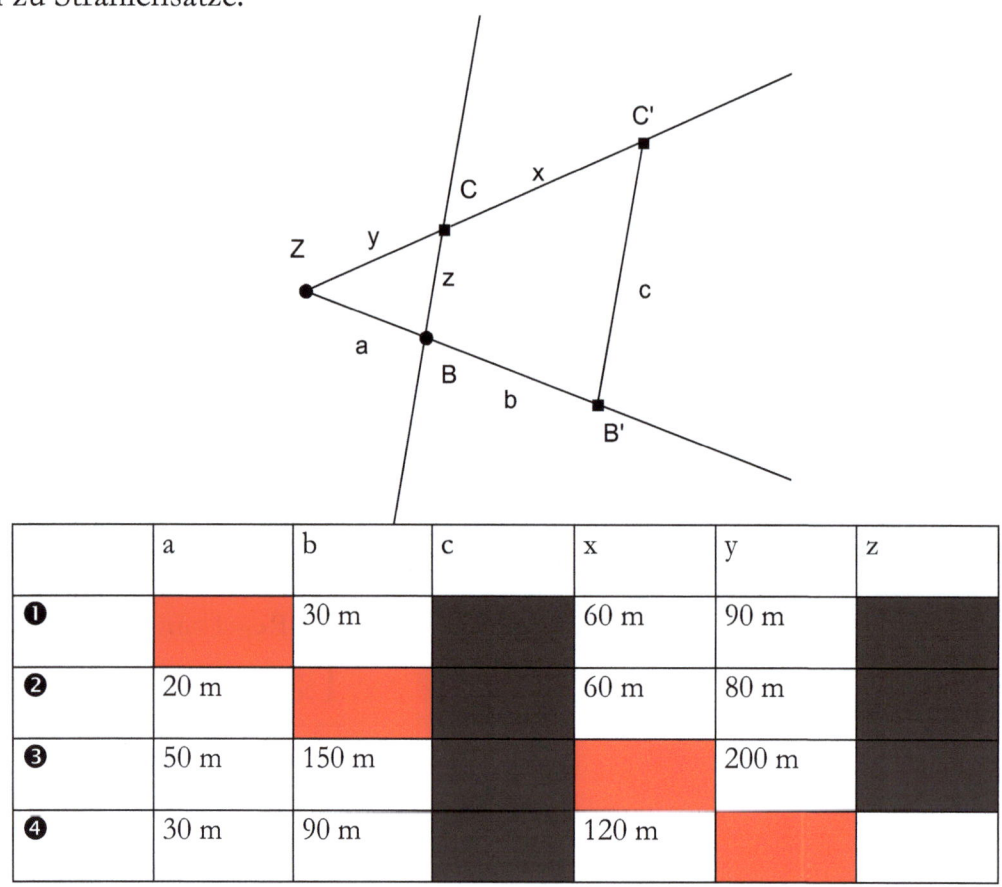

	a	b	c	x	y	z
❶		30 m		60 m	90 m	
❷	20 m			60 m	80 m	
❸	50 m	150 m			200 m	
❹	30 m	90 m		120 m		

1) Berechne bitte die Werte   ❶ a =   ❷ b =   ❸ x =   ❹ y =

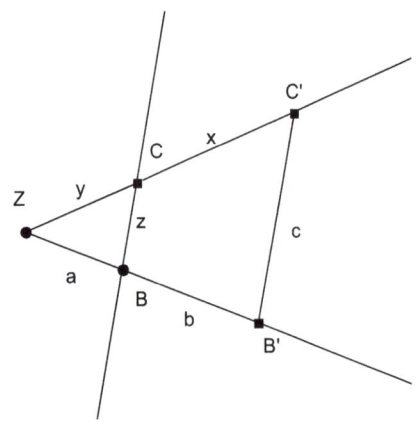

	a	b	c	x	y	z
❶		30 m	90 m			120 m
❷	20 m		80 m			160 m
❸	50 m	150 m				200 m
❹	30 m	90 m	120 m			

2) Berechne bitte die Werte   ❶ a =   ❷ b =   ❸ c =   ❹ z =

Lösungen zu Strahlensätze:

Aufgabe 1)

❶

$$\frac{a+b}{a} = \frac{x+y}{y}$$

$$\frac{a+30}{a} = \frac{150}{90} \quad |*a$$

$$a+30 = \frac{150a}{90} \quad |*90$$

$$90a+2700 = 150a \quad |-90a$$

$$2700 = 60a \quad |:60$$

$$a = 45$$

❷

$$\frac{b}{a} = \frac{x}{y}$$

$$\frac{b}{20} = \frac{60}{80} \quad |*20$$

$$b = 15$$

❸

$$\frac{b}{a} = \frac{x}{y} \; ; \; \frac{a+b}{a} = \frac{x+y}{y}$$

$$\frac{150}{50} = \frac{x}{200} \quad |*200$$

$$x = 600$$

❹

$$\frac{b}{a} = \frac{x}{y} \; ; \; \frac{a+b}{a} = \frac{x+y}{y}$$

$$\frac{90}{30} = \frac{120}{y} \quad |*y$$

$$3y = 120 \quad |:3$$

$$y = 40$$

Zusammenfassung der Ergebnisse:

	a	b	c	x	y	z
a)	45 m	30 m		60 m	90 m	
b)	20 m	15 m		60 m	80 m	
c)	50 m	150 m		600 m	200 m	
d)	30 m	90 m		120 m	40 m	

Aufgabe 2)

❶

$a+b = c$

$\quad a \quad\quad z$

$\underline{a+30} = \underline{90}\quad |*a$

$\quad a \quad\quad 120$

$a+30 = 90a \quad |*120$

$\quad\overline{120}$

$120a+3600=90a \quad |-120a$

$\quad\quad 3600=-30a \quad |:(-30)$

$\quad\quad\quad\quad a=-120$

❷

$a+b = c$

$\quad a \quad\quad z$

$\underline{20+b} = \underline{80}\quad |*20$

$\quad 20 \quad\quad 160$

$20+b = 10 \quad |-20$

$\quad\quad b=-10$

Die Aufgaben ❶ und ❷ sind nicht lösbar, weil es keine negative Streckenangaben gibt, zu mindestens nicht in den Klassen 1-10.

❸

$\underline{a+b} = \underline{c}$

$\quad a \quad\quad z$

$\underline{200} = \underline{c}$

$\quad 50 \quad 200 \quad /*200$

$c=800$

❹

$a+b = c$

$\quad a \quad\quad z$

$\underline{120} = \underline{120}\quad |*z$

$\quad 30 \quad\quad z$

$\underline{120z} = 120\quad |*30$

$\quad 30$

$120z = 3600 \quad |:120$

$\quad\quad z=30$

	a	b	c	x	y	z
a)	-120 m	30 m	90 m			120 m
b)	20 m	-10 m	80 m			160 m
c)	50 m	150 m	800 m			200 m
d)	30 m	90 m	120 m			30 m

08 Satz der Pythagoras:

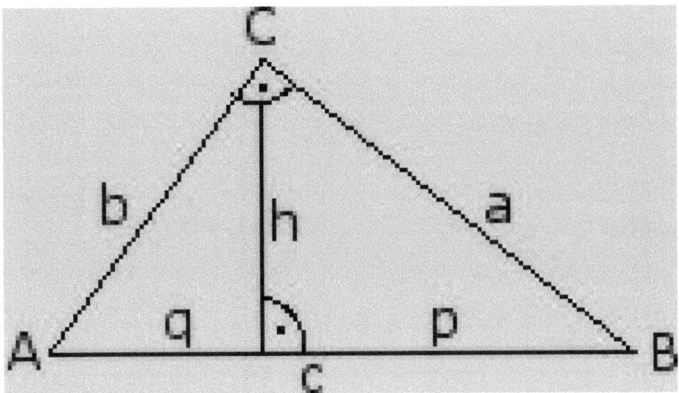

In einem rechtwinkligen Dreieck
(als Beispiel / Grundlage soll der rechte Winkel im Punkt C liegen, wie in der Skizze)

heißen die Seiten a und b
(die Seiten, die an dem rechten Winkel anliegen, die Seiten, die die Schenkel des rechten Winkels bilden)

Katheten

und heißt

die Seite c
(die Seite, die dem rechten Winkel gegenüberliegt)

Hypotenuse.

Dazu gilt der Satz des Pythagoras:

$$a^2 + b^2 = c^2$$

Das heißt:

Die Summe der beiden Quadrat-Flächen
mit jeweils einer Kathete als Seitenlänge

ist gleich

der Quadrat-Fläche
mit der Hypotenuse als Seitenlänge.

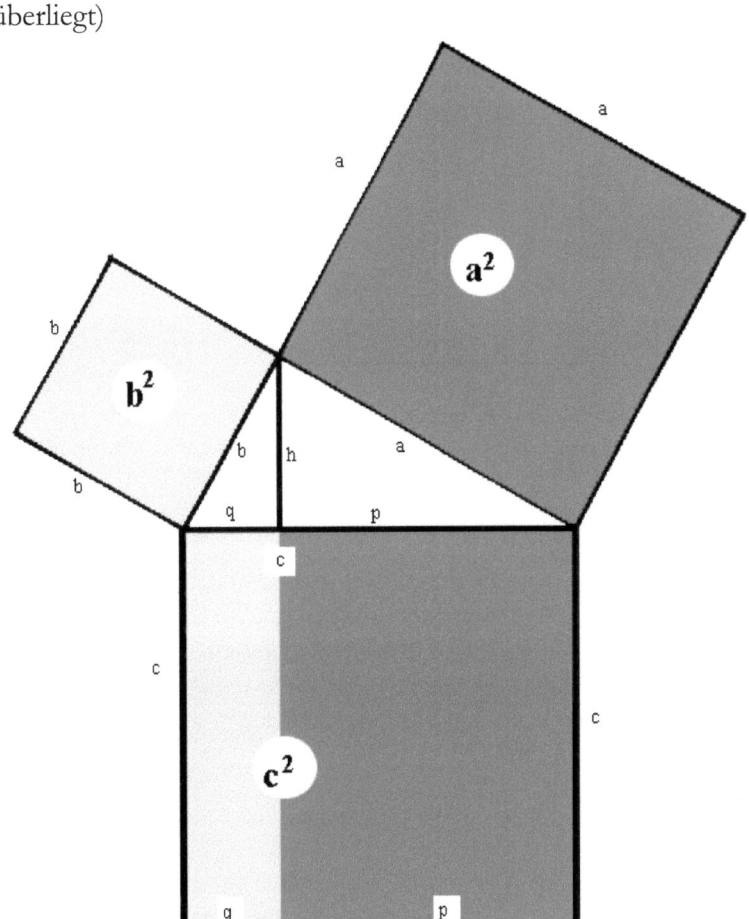

Aufgaben Pythagoras:

Aufgabe 1:

In ein Quadrat mit der Seitenlänge 8 cm wird ein kleineres Quadrat eingezeichnet

(siehe nebenstehende Skizze).

Welchen Flächeninhalt hat das innere Quadrat ?

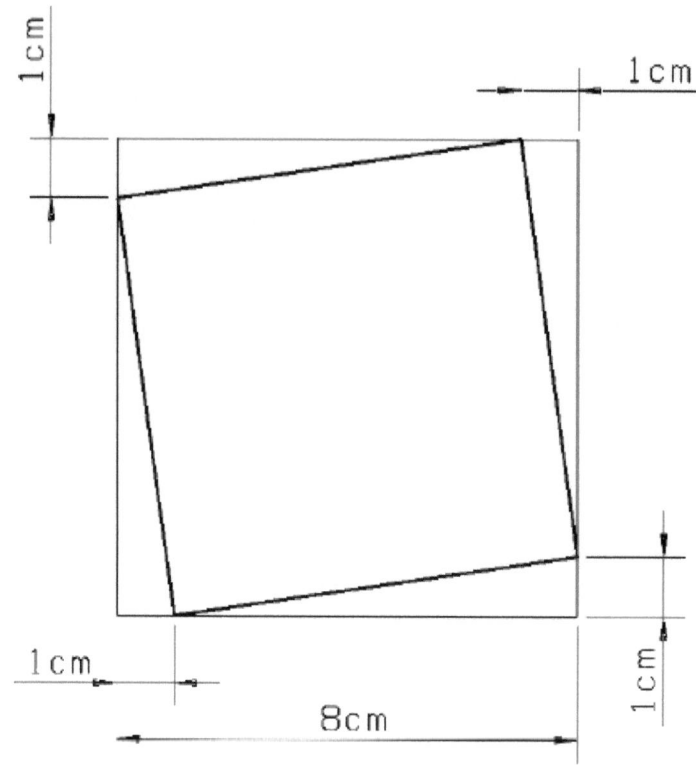

Aufgabe 2:

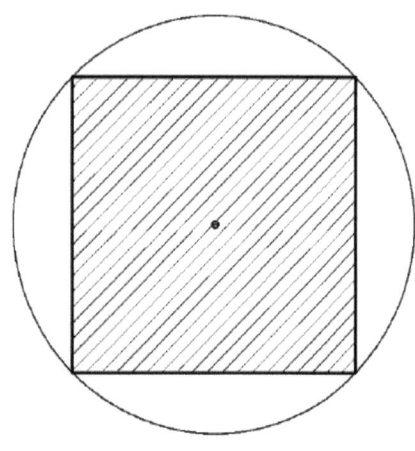

Aus einem Baumstamm soll in einem Sägewerk ein Balken mit quadratischem Querschnitt (Kantenlänge 14 cm) hergestellt werden.

Welchen Durchmesser muß der Baumstamm mindestens haben ?

Aufgabe 3:

Das trapezförmige Grundstück gemäß nebenstehender Zeichnung ist gegeben.

Berechne bitte den Umfang und den Flächeninhalt.

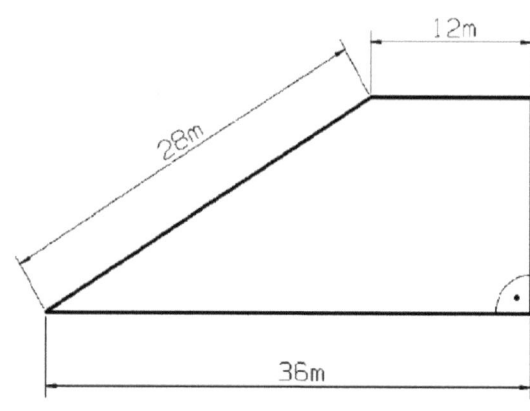

Lösungen Pythagoras:

Aufgabe 1:
Großes Quadrat: 8 cm * 8 cm = 64 cm²
Seite des kleinen Dreiecks => Seite c eines (rechtwinkligen) Dreiecks,
a = 7 cm (8 cm – 1 cm) und b = 1 cm

$a^2 + b^2$	$= c^2$
7^2 cm² + 1^2 cm²	$= c^2$
49 cm² + 1 cm²	$= c^2$
50 cm²	$= c^2$ => Ergebnis: Fläche kleines Quadrat = 50 cm²

Das innere Quadrat hat den Flächeninhalt 50 cm².

Aufgabe 2:
Rechtwinkliges Dreieck:
Diagonale = Durchmesser Kreis (Baumstamm) = c
Kanten = a und b (je 14 cm)

$a^2 + b^2$	$= c^2$
14^2 cm² + 14^2 cm²	$= c^2$
196 cm² + 196 cm²	$= c^2$
392 cm²	$= c^2$ /Wurzel ziehen
19,80 cm	$= c$

Der Baumstamm muß mindestens den

Durchmesser 19,80 cm haben.

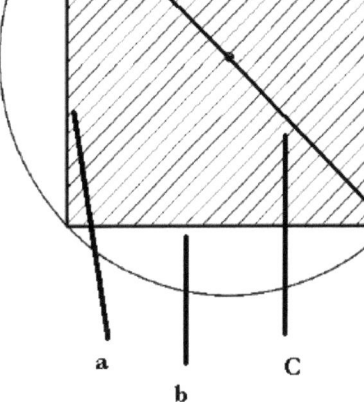

Aufgabe 3:

Dreieck und **Rechteck**
Fehlende Seite Dreieck = Seite b
Schräge (28 m) = c
Grundseite (36 m – 12 m) = a

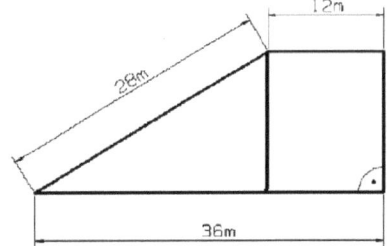

$a^2 + b^2 = c^2$

$b^2 \quad = c^2 - a^2$

$b^2 \quad = 28^2$ m² - 24^2 m²

$b^2 \quad = 784$ m² - 576 m²

$b^2 \quad = 208$ m²   /Wurzel ziehen

$b \quad = 14,4$ m

Fläche Dreieck = $\dfrac{g * h}{2}$, Höhe soll / kann hier mit b = 14,4 m angesetzt werden
demnach Grundseite = a = 24 m

=> Fläche Dreieck (24 * 14,4) : 2 = 345,6 : 2 = 172,80 m²

Fläche Rechteck: 12 m * Seite b (14,4 m)   = 172,80 m²

Gesamtfläche: 172,80 m² + 172,80 m²   = 345,60 m²

Die Gesamtfläche des Grundstücks beträgt 345,60 m².

09 Flächen und Körper:

Flächen: Flächeninhalt A und Umfang U

Quadrat

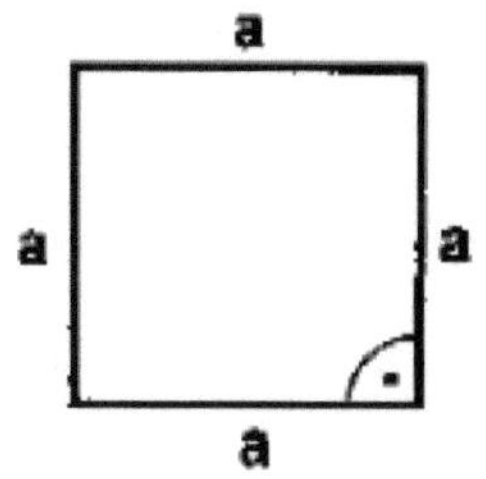

$A = a^2$

$U = 4a$

Rechteck

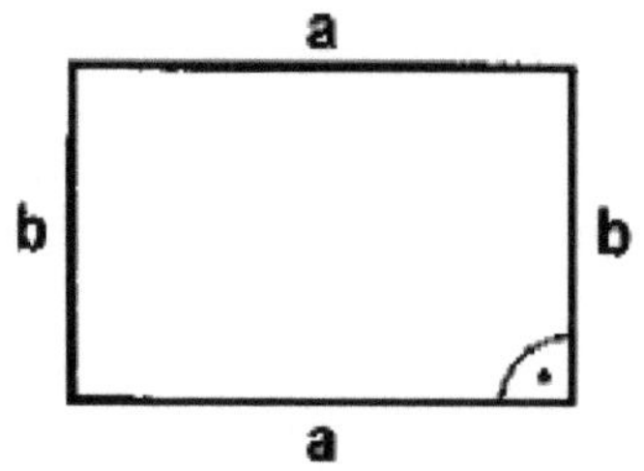

$A = a \cdot b$

$U = 2a + 2b$
$= 2(a+b)$

Parallelogramm

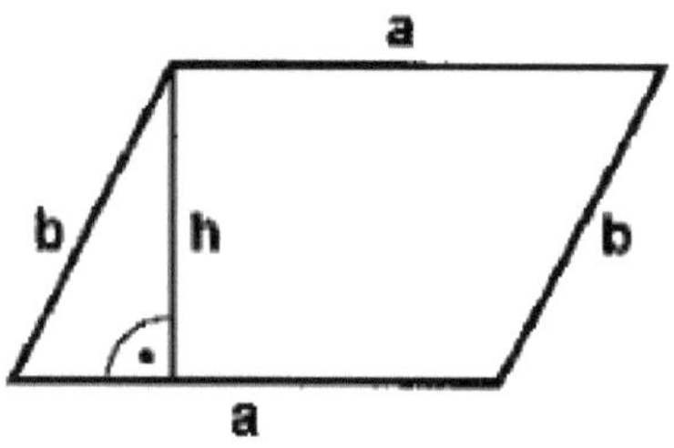

$A = a \cdot h$

$U = 2a + 2b$
$= 2(a+b)$

Trapez

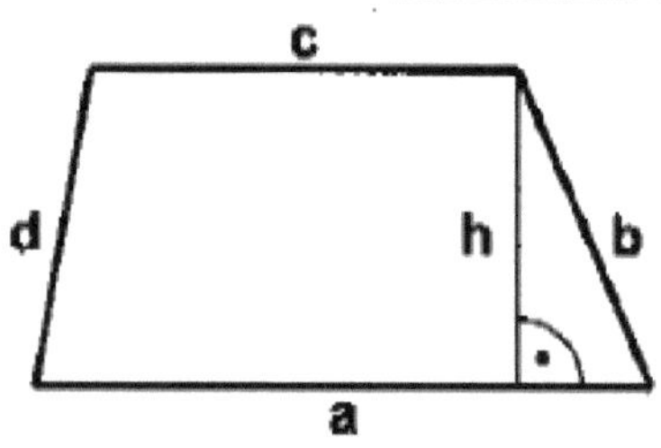

$A = \frac{1}{2}(a+c) \cdot h$

$U = a + b + c + d$

Dreieck

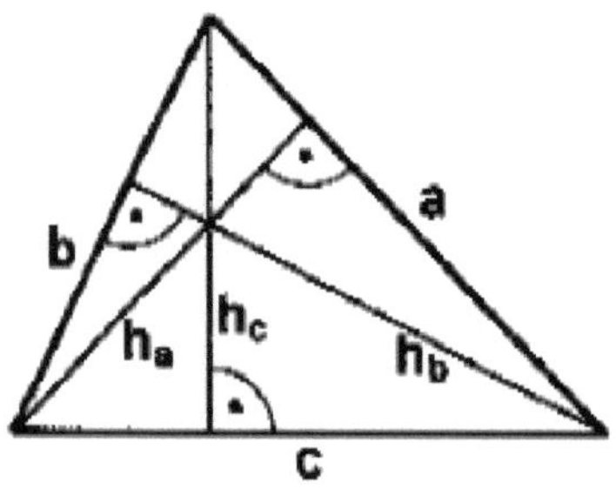

$A = \dfrac{a \cdot h_a}{2}$

$= \dfrac{b \cdot h_b}{2}$

$= \dfrac{c \cdot h_c}{2}$

$U = a + b + c$

Kreis

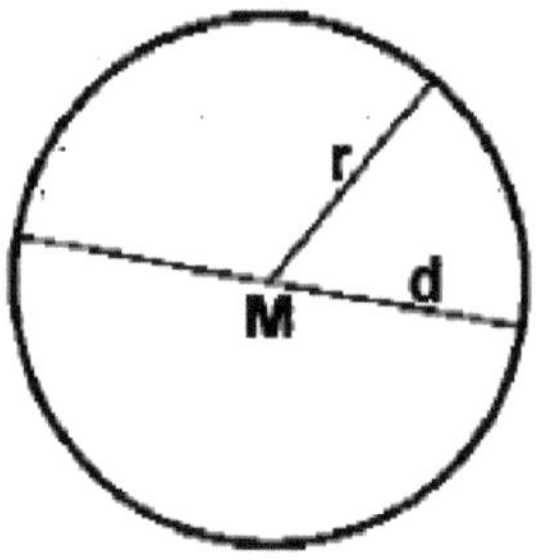

$A = \pi r^2$

$= \dfrac{\pi}{4} d^2$

$U = 2\pi r$

$= \pi d$

Körper

Hat man einen Körper gegeben, so ist sein Volumen der Rauminhalt, der von den Außenflächen des Körpers umschlossen wird. Bei den meisten Körpern gibt es einfache Formeln für das Volumen.

Körper:

Ein Körper ist, von vorneherein, irgendein dreidimensionales Gebilde. Einen beliebigen "Teigklumpen" im dreidimensionalen Raum könnte man auch als Körper bezeichnen, aber in der Schule interessiert man sich eher für Körper, die leicht zu beschreiben sind, wie zum Beispiel Quader, Kugeln, Pyramiden, Kegel und Prismen. Interessante Fragen bei einem Körper sind, welche Oberfläche er hat oder welches Volumen. Auch macht es bei einigen Körpern Sinn, zwischen Grundfläche und Mantelfläche zu unterscheiden.

Außenfläche:

Als Außenfläche eines Körpers bezeichnet man die Gesamtheit sämtlicher Flächen, die den Rand des Körpers bilden. Zählt man den Flächeninhalt der Außenflächen zusammen, so nennt man dies die Oberfläche des Körpers.

Oberfläche:

Ist ein Körper gegeben, so nennt man die gesamte Fläche, die ihn umschließt, seine Oberfläche. Bei einigen Körpern, wie Kegeln oder Zylindern macht es Sinn, die Oberfläche in Grundfläche und Mantelfläche zu unterteilen. Oberfläche, ist die Fläche, die man anmalen müsste, um den gesamten Körper anzumalen.

Grundfläche:

Viele Körper entstehen daraus, daß man sich eine Fläche nimmt und sich nach einer bestimmten Vorschrift aus dieser Fläche einen Körper bastelt. Diese Fläche hat eine besondere Bedeutung für den Körper und heißt seine Grundfläche. Einfach könnte man sagen, daß die Grundfläche diejenige Fläche ist, auf der der Körper steht, also der Boden.

Zum Beispiel entstehen Kegel und Pyramiden dadurch, daß man sich die Grundfläche nimmt, einen Punkt über den Mittelpunkt der Fläche setzt und dann den Rand der Fläche mit diesem Punkt verbindet. Prismen und Zylinder entstehen, indem man sich die Grundfläche nimmt, eine Kopie der Grundfläche darübersetzt und dann die beiden Objekte verbindet.

Im Gegensatz zur Grundfläche steht die Mantelfläche, die (einfach gesehen) der Teil der Oberfläche ist, der keine Grundfläche ist. Also wie ein Mantel, Kopf und Füße werden nicht mit „eingepackt".

Mantelfläche:

Viele Körper entstehen daraus, daß man sich eine Fläche nimmt und sich nach einer bestimmten Vorschrift aus dieser Fläche einen Körper bastelt. Diese Fläche hat eine besondere Bedeutung für den Körper und heißt seine Grundfläche. Den restlichen Teil der Oberfläche des Körpers nennt man Mantelfläche.

Zum Beispiel entstehen Kegel und Punkt über den Mittelpunkt der Fläche setzt und dann den Rand der Fläche mit diesem Punkt verbindet. Die gesamte Fläche zwischen Rand und dem neuen Punkt ist dann die Mantelfläche.

Prismen und Zylinder entstehen, indem man sich die Grundfläche nimmt, eine Kopie der Grundfläche darübersetzt und dann die beiden Objekte verbindet. Die Mantelfläche ist dann hier die Fläche, die die Ränder der oberen und der unteren Grundfläche verbindet. Sie hat die Form eines geknickten oder aufgewickelten Rechteckes.

Würfel

Für Würfel gilt:
Grundfläche = Kantenlänge * Kantenlänge
Volumen   = Grundfläche * Höhe
Oberfläche   = Grundfläche * 6

Quader

Für Quader mit den Kantenlängen a, b, c gilt:

Grundfläche = a * b
Volumen   = a * b * c
Oberfläche   = 2 * a * b + 2 * a * c + 2 * b * c

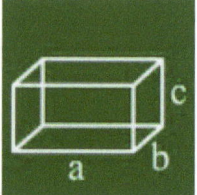

Pyramiden

Volumen   = Grundfläche * Höhe / 3
Oberfläche   = Grundfläche + 4 Mantelfläche (bei quadratischer Pyramide)
Mantelfläche = 4 * Fläche Dreieck = 4 * (S_H/2 * a) = 2*S_H*a   (a = Kantenlänge Grundfläche)

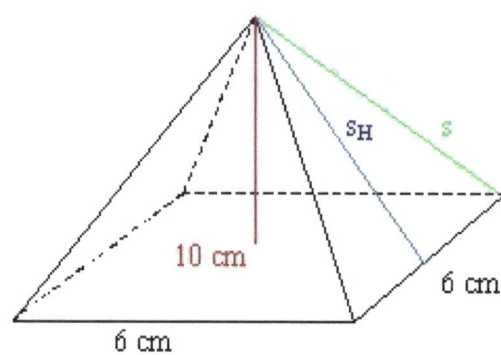

Prismen

Volumen   = Grundfläche * Höhe
Oberfläche   = 2 * Grundfläche + Mantelfläche
Mantelfläche = Umfang Grundfläche * Höhe

Kegel

Grundfläche = pi * Radius²
Volumen   = 1/3 * Grundfläche * Höhe
Seitenhöhe   = Wurzel aus Höhe² + Radius²
Mantelfläche = pi * Radius * Seitenhöhe
Oberfläche   = Grundfläche + Mantel

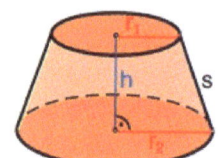

Zylinder

Grundfläche = Pi * Radius²
Volumen   = Grundfläche * Höhe
Mantelfläche = Umfang * Höhe
Oberfläche   = 2 * Grundfläche + Mantelfläche

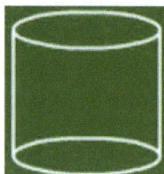

Kugel

Volumen   = 4/3 * Pi * r³ = 1/6 * Pi * d³
Oberfläche   = 4 * Pi * r² = Pi * d²
Umfang   = 2 * Pi mal r = Pi * d

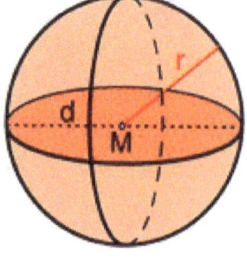

Kugelkalotte

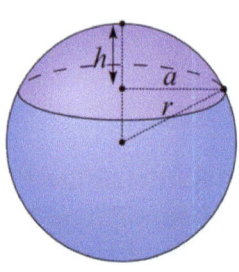

$$\text{Volumen} = \frac{h^2 * Pi}{3} * (3*r - h)$$

Oberfläche   = Pi * r (2*h + a)

Aufgaben Flächen:

1. Aufgabe:

Der Garten der Familie Becker hat
folgende Maße:

Angaben in cm

**Berechne bitte die Gesamtfläche
in Quadratmeter.**

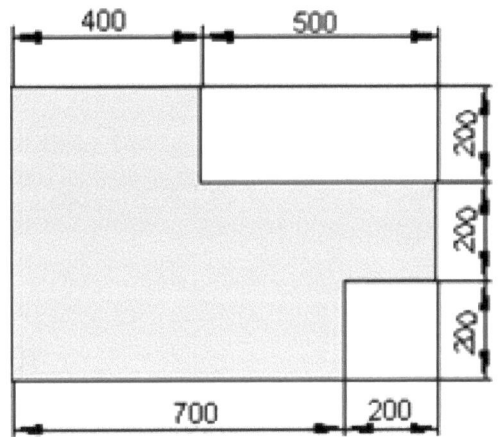

2. Aufgabe:

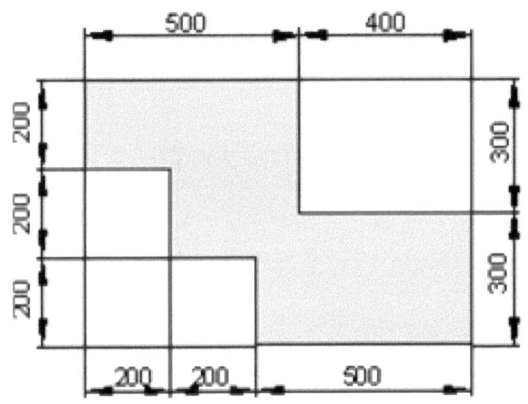

Familie Müller hat auch einen Garten,
deren Garten hat folgende Maße:

Angaben in cm.

Berechne bitte die Gesamtfläche in Quadratmeter.

3. Aufgabe:

Der Fußboden der Aula des Einstein-Gymnasiums
soll neu mit Teppichboden ausgelegt werden.

**Angaben in cm
Berechne bitte die Gesamtfläche
in Quadratmeter.**

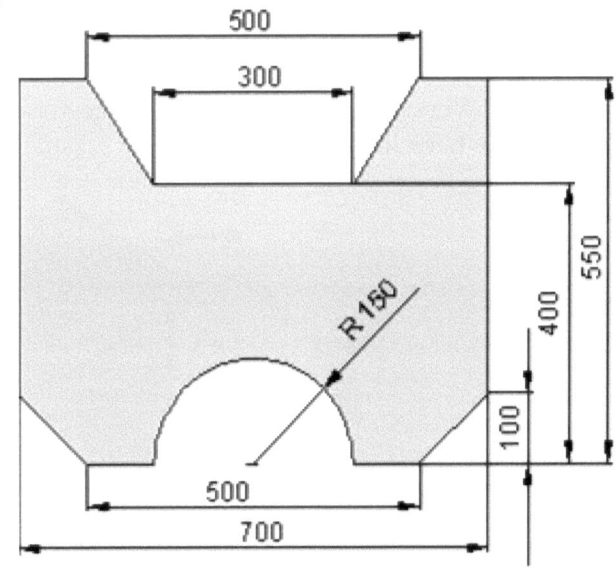

Aufgaben Körper:

1) Ein Metallunternehmen soll für einen Kunden einen Eisenblock (Lagerblock) mit Hilfe der Zeichnung herstellen. Bitte berechne das Volumen des benötigten Materials. Angaben in cm.

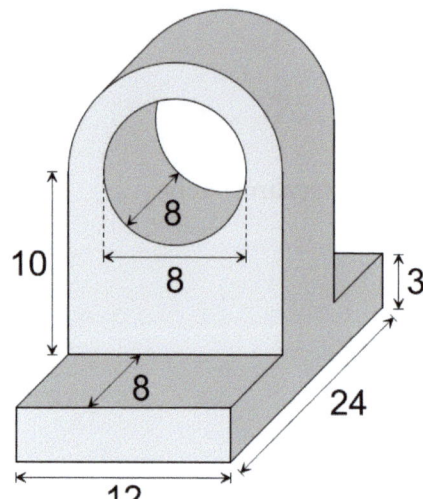

2) Ein Schwimmbecken besteht aus einen Nichtschwimmerbecken (Tiefe 1,20m) und einem Schwimmerbecken (Tiefe 2,20 m).
   a) Bitte berechne wie viel m³ in das gesamte Becken passt.
   b) Bitte rechne die Lösung aus a) in Liter um. (1 m³ = 1.000 Liter)
   c) Bitte rechne die Lösung aus b) in Badewannen um. (1 Badewanne ungefähr 200 Liter)

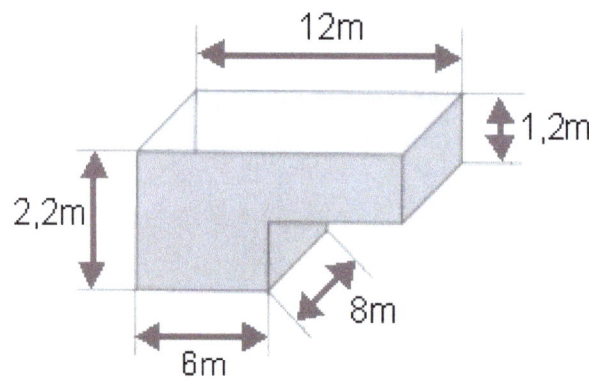

3) Ein Werkstück aus Aluminium soll gegossen werden.
   Bitte berechne das Volumen des Werkstückes.

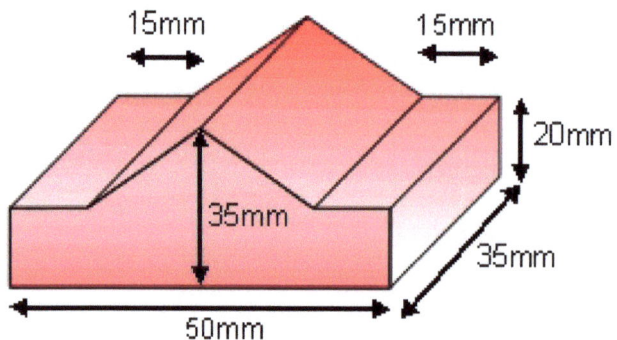

Lösungen Flächen:

1. Aufgabe:

Der Garten der Familie Becker hat

folgende Maße:

Angaben in cm

Berechne bitte die Gesamtfläche

in Quadratmeter.

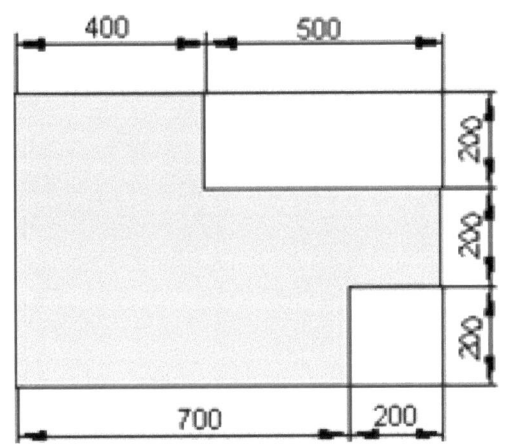

Rechteck oben: 500 cm * 200 cm = <u>100.000 cm²</u>   Quadrat unten: 200 cm * 200 cm = <u>40.000 cm²</u>
Garten ohne Abzüge: 900 cm * 600 cm = <u>540.000 cm ²</u>
minus Rechteck, minus Quadrat = 540.000 cm² - 100.000 cm² - 40.000 cm² = 400.000 cm²
1 m² = 10.000 cm² => 400.000 cm² = <u>40 m²</u>

2. Aufgabe:

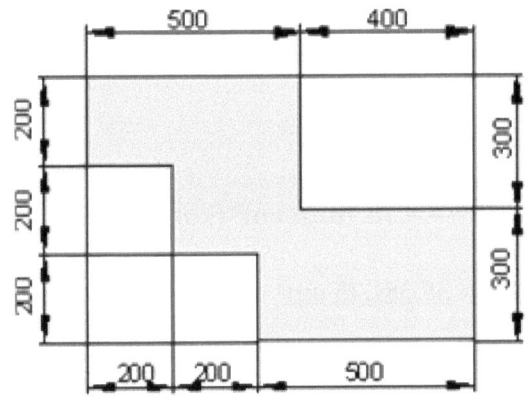

Familie Müller hat auch einen Garten,

deren Garten hat folgende Maße:

Angaben in cm.

Berechne bitte die Gesamtfläche in Quadratmeter.

Rechteck oben: 400 cm * 300 cm² = <u>120.000 cm²</u>

1 Quadrat unten: 200 cm * 200 cm² = 40.000 cm²

3 Quadrate: 40.000 cm² * 3 = <u>120.000 cm²</u>

Garten ohne Abzüge: 900 cm * 600 cm

= <u>540.000 cm²</u>

minus Rechteck, minus <u>drei</u> Quadrate = 540.000 cm² - 120.000 cm² - 120.000 cm² = 300.000 cm²
1 m² = 10.000 cm² => 300.000 cm² = <u>30 m²</u>

3. Aufgabe:

Der Fußboden der Aula des Einstein-Gymnasiums

soll neu mit Teppichboden ausgelegt werden.

Angaben in cm
Berechne bitte die Gesamtfläche
in Quadratmeter.

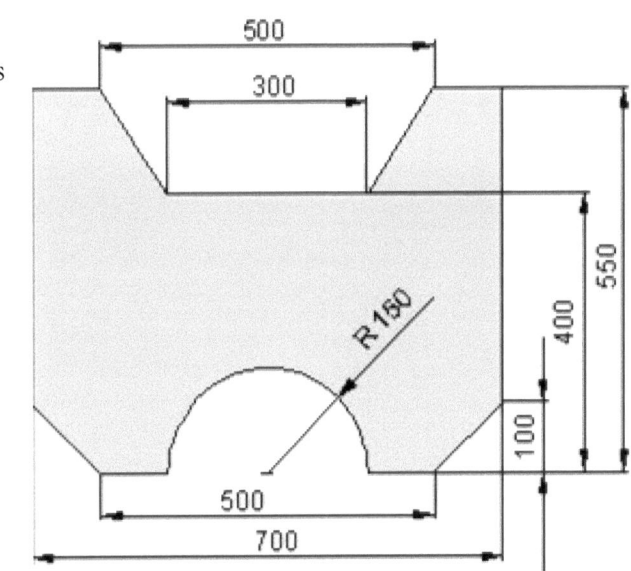

=> nächste Seite

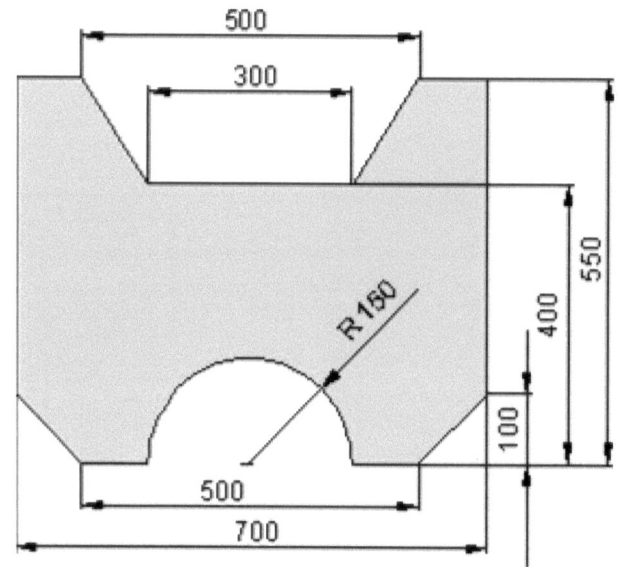

Fläche Trapez: $A_T = \dfrac{a+c}{2} * h \Rightarrow \dfrac{500\ cm\ +\ 300\ cm}{2} * 150\ cm \Rightarrow 400\ cm * 150\ cm = \underline{60.000\ cm^2}$

Fläche Dreieck: $A_D = \dfrac{g*h}{2} \Rightarrow \dfrac{100\ cm * 100\ cm}{2} \Rightarrow 5000\ cm$ Zwei Dreiecke: $\underline{10.000\ cm^2}$

Fläche Halbkreis $A_H = A = \pi * r^2 \Rightarrow 3,145 * 150^2\ cm^2 \Rightarrow 70.762,5\ cm^2$ (kompletter Kreis)

Fläche Halbkreis: 70.762,5 cm² (kompletter Kreis) / 2 => $\underline{35.381,25\ cm^2}$

Gesamtfläche ohne Abzüge: 700 cm * 550 cm = $\underline{385.000\ cm^2}$

minus Fläche Trapez minus Fläche Dreiecke minus Fläche Halbkreis

385.000 cm² - 60.000 cm² - 10.000 cm² - 35.381,25 cm² = 279.618,75 cm²

1 m² = 10.000 cm² => 279.618,75 cm² = $\underline{27,96\ m^2}$

Lösung Körper:

1)

Berechnung des Volumens:

Sockel: $V_1 = 12\,\text{cm} \cdot 24\,\text{cm} \cdot 3\,\text{cm}$

Quader: $V_2 = 12\,\text{cm} \cdot 10\,\text{cm} \cdot 8\,\text{cm}$

Halbzylinder: $V_3 = \frac{1}{2} \cdot \pi \cdot (6\,\text{cm})^2 \cdot 8\,\text{cm}$

Loch: $V_4 = \pi \cdot (4\,\text{cm})^2 \cdot 8\,\text{cm}$

Gesamtvolumen: $V = V_1 + V_2 + V_3 - V_4 = 1874,27\,\text{cm}^3$

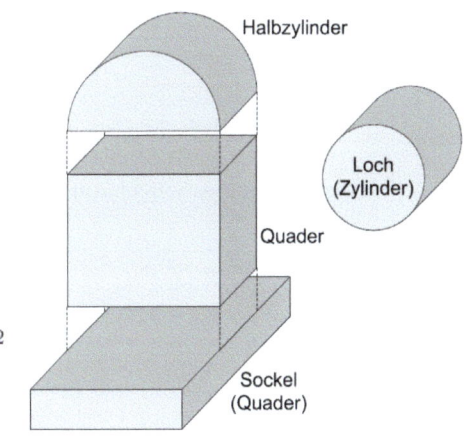

Berechnung der Oberfläche:

Sockel: $O_1 = 12\,\text{cm} \cdot 24\,\text{cm} + 2 \cdot 12\,\text{cm} \cdot 3\,\text{cm}$
$+2 \cdot 24\,\text{cm} \cdot 3\,\text{cm} + 2 \cdot 12\,\text{cm} \cdot 8\,\text{cm}$

Rest: vorne/hinten: $O_2 = 12\,\text{cm} \cdot 10\,\text{cm} + \frac{1}{2}\pi(6\,\text{cm})^2 - \pi(4\,\text{cm})^2$

Au aen: $O_3 = 2 \cdot 10\,\text{cm} \cdot 8\,\text{cm} + \frac{1}{2} \cdot 2\pi \cdot 6\,\text{cm} \cdot 8\,\text{cm}$

Innen: $O_4 = 2\pi \cdot 4\,\text{cm} \cdot 8\,\text{cm}$

Gesamtoberfläche: $O = O_1 + 2 \cdot O_2 + O_3 + O_4 = 1460,42\,\text{cm}^2$

2)

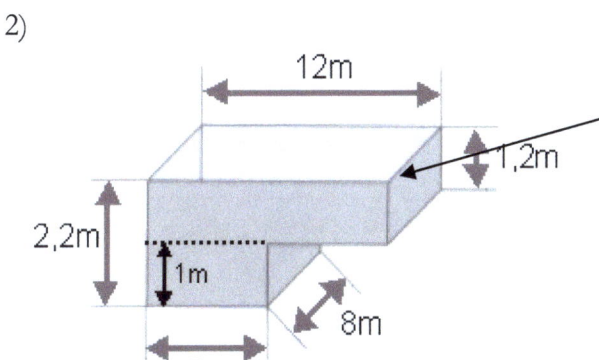

a)

Nichtschwimmerbecken $G_N = 8\,\text{m} * 6\,\text{m} = 48\,\text{m}^2$

Schwimmerbecken $G_S = 8\,\text{m} * 6\,\text{m} = 48\,\text{m}^2$

Volumen Nichtschwimmer (Tiefe 1,20m)

$V_N = G_N * 1,20\,\text{m} = 57,60\,\text{m}^3$

Volumen Nichtschwimmer (Tiefe 2,20m)

$V_S = G_S * 2,20\,\text{m} = 105,60\,\text{m}^3$

Gesamtvolumen $= V_N + V_S = \mathbf{163,20\,m^3}$

b) 1 m³ = 1.000 Liter => 163,20 m³ = **163.200 Liter**

c) 1 Badewanne ungefähr 200 Liter => 163.200 Liter = **816 Badewannen**

3)

Es sind zwei Körper zu erkennen: Quader und Prisma.

Grundfläche Dreieck

$\dfrac{20\,\text{mm} * 15\,\text{mm}}{2} = 150\,\text{mm}^2$

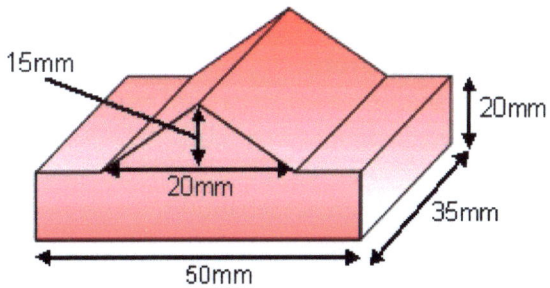

Grundfläche Rechteck:

20 mm * 20 mm = 400 mm²

Die Gesamtgrundfläche beträgt somit 150 mm² + 400 mm² = 550 mm²

Die Höhe des Gesamtkörper beträgt 35 mm, somit ergibt sich für das Gesamt-Volumen:

Grundfläche * Höhe = 550 mm² * 35 mm = **19.250 mm³**

10-Exponentielles Wachstum:

Lineares Wachstum	Exponentielles Wachstum
Ein Wachstum mit konstanter Änderungsrate (Zuwachs) heißt lineares Wachstum. $$B_{neu} = B_{alt} + a$$	Ein Wachstum mit konstantem Wachstumsfaktor heißt in gleichen Zeitschritten heißt exponentielles Wachstum. $$B_{neu} = a \cdot B_{alt}$$ Die Änderungsrate ist nicht konstant, sondern proportional zum vorhandenen Bestand.
Eine Größe erhöht sich in gleichen Zeitabschnitten um den gleichen Summanden	Faktor
$$B(t) = a \cdot t + c$$ B(t)...Bestand nach t Zeitschritten c = B(0)...Anfangsbestand a...Änderungsrate (Wachstumssummand)	$$B(t) = c \cdot a^t$$ B(t)...Bestand nach t Zeitschritten c = B(0)...Anfangsbestand a...Wachstumsfaktor
Nullwachstum	
a = 0	a = 1

xponentielles Wachstum:	$B(t)$	=	$B(0) \cdot a^t$	
Beschränktes Wachstum:	$B(t+1)$	=	$B(t) + k \cdot (S - B(t))$	
Logistisches Wachstum:	$B(t+1)$	=	$B(t) + k \cdot B(t) \cdot (S - B(t))$	

Exponentielles Wachstum:
Exponentielles Wachstums wird verwendet, wenn sich der Bestand pro Zeiteinheit um einen festen Prozentsatz verändert.
Einfaches Beispiel: Zinseszins
Das Geld wird nicht linear mehr, sondern auf Dauer erhält man ja zusätzlich noch die Zinsen der Zinsen...
Beim Exponentiellen Wachstum muss man beachten, dass wenn z.B. 30 % Wachstum angegeben sind, dass man erkennt, dass a = 1,3 ist! Ebenso wenn man einen Zerfall von 30% hat, ist a = 0,7 und nicht 0,3!

Logistisches Wachstum:
Bei einem logistisches Wachstum wird ein bestimmter Sättigungswert S nicht überschritten. Man kann sich dies auch als eine Schranke vorstellen.
Logistisches Wachstum ist zu beginn ähnlich wie exponentielles Wachstum und gegen Ende ähnlich wie beschränktes Wachstum aufgebaut.
Einfaches Beispiel: Virus
Am Anfang verbreitet sich der Virus langsam aber immer schneller, da noch wenige Leute betroffen sind. Gegen Ende verlangsamt sich die Verbreitung dann wieder, da nur noch wenige Leute unbetroffen sind und infiziert werden können. Bei logistisches Wachstum muss man beachten, dass man den Bestand B(t+1) in einer Zeitspanne nach der anderen ausrechnen muss!

Bei Rechnungen mit Wachstum sollte man immer zuerst schauen was gegeben und was gesucht ist. Dies sollte man auch kurz aufschreiben. So kann man kleine Fehler oft vermeiden!
Außerdem kann es auch sein, dass man das Wachstum selbst feststellen muss. Das richtige Wachstum findet man oftmals durch logisches Denken!

Aufgaben exponentielles Wachstum:

1. Beschreibe bitte die Form des Wachstums. Stelle für die zugehörige Funktion eine Wertetabelle auf.

a) Dora bekommt monatlich 30 € Taschengeld. Jedes Jahr soll es um 5 € erhöht werden.

b) Hugo verdient als Tischler 10 € in der Stunde. Jedes Jahr soll der Stundenlohn um 6% steigen.

c) Eine 10 cm hohe Kerze wird angezündet. Jede Minute brennt sie um 2 mm herunter.

d) Ein Computer kostet 2000 €. Jedes Jahr verliert er die Hälfte seines Wertes.

e) Eine Hefekultur mit 5 g Hefe verdreifacht stündlich ihre Masse.

f) Ein Öltank enthält 800 l Öl. In den Tank werden je Minute 200 l Öl gepumpt

2)

Einer alten Legende zufolge erfand vor langer Zeit ein indischer Gelehrter namens Sissa das Schachspiel, um dem grausamen Herrscher Shihram zu zeigen, dass ein König allein durch seine Untertanen stark, ohne sie jedoch verloren ist. Shihram, der schnell Gefallen an dem königlichen Spiel fand, wollte dem Gelehrten seinen Dank erweisen und ihn reich belohnen. Sissa dachte nach und erbat vom König, auf das erste Feld des Schachspiels ein Reiskorn zu legen, auf das zweite zwei Körner, auf das dritte vier Körner, dann acht, 16, 32 und so weiter, bis schließlich auf diese Weise alle 64 Felder gefüllt seien. Der König war erzürnt, dass sich der Weise mit ein paar Reiskörnern zufrieden geben wollte und befahl seinen Dienern alsbald, den Reis heranzuschaffen. Der König, der sich über diesen vermeintlich bescheidenen Wunsch wunderte, versprach, der Bitte nachzukommen.

Schreibe Bitte Sie auf, wie Du bei der Berechnung der Anzahlen für das 2. bis 4. Feld vorgegangen bist. Dabei verwende bitte die folgenden Bezeichnungen $a2$, $a3$ und $a4$ stehen jeweils für die Anzahl der Reiskörner auf Feld 2, Feld 3 bzw. Feld 4.

1	2	4	8	16			

a1 = 1

a2=_____

a3 = _____

a4 = _____

Lösungen exponentielles Wachstum:

1)

a) Lineares Wachstum   Funktion: $f(x)=5x+30$

b) Exponentielles Wachstum   Funktion: $f(x)=10*6/100^x$

c) Lineares Wachstum   Funktion: $f(x)=100x-2$

d) Exponentielles Wachstum   Funktion: $f(x)=2000- \frac{1}{2}^x$

e) Exponentielles Wachstum   Funktion: $f(x)=5*3^x$

f) Lineares Wachstum   Funktion: $f(x)=200x+800$

2)

Der König, der sich über diesen vermeintlich bescheidenen Wunsch wunderte, versprach, der Bitte nachzukommen. Hätte er über einige mathematische Kenntnisse verfügt, so hätte er diese Dummheit sicher nicht begangen, denn folgt man dieser Anordnung der Körner, so liegen allein auf dem 64. Feld 9.223.372.036.854.775.808 Reiskörner.
Es handelt sich hierbei um die Funktion 2^{n-1} mit $n = 1, \ldots , 64$ und das ergibt eine Exponentialfunktion-
Bildet man die Summe sämtlicher Körner auf dem Schachbrett, so ergibt sich die unglaubliche Zahl von 18.446.744.073.709.600.000 Reiskörnern. Das sind so viele, dass man damit die gesamte Erdoberfläche bedecken könnte.

a_1 = 1
a_2 = 2
a_3 = 4   geometrische Folge [$(a_n) = a1 \cdot q^{n-1}$]
a_4 = 8   Allgemeine Formel für das Schachbrett: $(a_n) = 1 \cdot 2^{n-1}$
a_5 = 16
a_6 = 32
a_7 = 64
a_8 = 128
a_9 = 256   Insgesamt auf allen 10 Feldern: 1.023 Reiskörner
a_{10} = 512

Für das 64. Feld: $a_{64} = 1 \cdot 2^{64-1}$
a_{64} = 9.223.372.036.864.775.808
[9 Trillionen, 223 Billiarden, 372 Billionen, 36 Milliarden, 864 Millionen, 775 Tausend, 808]

noch einmal zu Veranschaulichung, dass die Anzahl der Reiskörner schnell steigt:

a_{11} = 1.024	a_{21} = 1.048.576	
a_{12} = 2.048	a_{22} = 2.097.152	
a_{13} = 4.096	a_{23} = 4.194.304	
a_{14} = 8.192	a_{24} = 8.388.608	
a_{15} = 16.384	a_{25} = 16.777.216	Schon an den ersten 30 Zahlen kann man gut erkennen, dass die Zahl ab
a_{16} = 32.768	a_{26} = 33.554.432	dem 10 Glied drastisch steigt & es nicht nur ein paar Reiskörner werden,
a_{17} = 65.536	a_{27} = 67.108.864	die der Kaiser Sheram dem Erfinder Zeta geben muss.
a_{18} = 131.072	a_{28} = 134.217.728	
a_{19} = 262.144	a_{29} = 268.435.456	
a_{20} = 524.288	a_{30} = 536.870.912	. . .

11-Sinus, Cosinus, Tangens:

Sinus ist Gegenkathete durch Hypothenuse oder ...?

Wie war das noch mit der Definition von Sinus, Cosinus und Tangens?

Hilfe bringt da die **"Gaga-Hummel-Hummel-AG"** oder auch "**Gaga-Hühnerhof-AG**".

Man schreibe jeweils 4 Buchstaben dieser AG nebeneinander in zwei Reihen:

G	A	G	A
H	H	A	G

----

s	c	t	cot

Sinus	Cosinus	Tangens	Cotangens

Betrachtet man die Buchstaben übereinander als Bruch / Divisionsaufgabe, so erhält man die Definition

des Sinus (hier: s):   **G**egenkathete durch **H**ypothenuse,

des Cosinus (hier: c):   **A**nkathete durch **H**ypothenuse

des Tangens (hier: t):   **G**egenkathete durch **A**nkathete

des Cotangens (hier: cot):   **A**nkathete durch **G**egenkathete

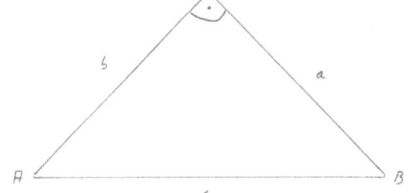

Was Gegenkathete, Ankathete und Hypothenuse
nochmal waren, verbirgt sich im Namen:
Es wird der **Winkel alpha im rechtwinkligen Dreieck**
betrachtet. Der rechte Winkel ist im Punkt C.
Die Seite gegenüber des rechten Winkels ist die Hypothenuse (hier c),
die beiden anderen Seiten sind die Katheten (hier a und b)
Damit ergibt sich folgende Seitenbezeichnung: die an alpha liegt: (alpha liegt in A) = **An**kathete sein.
Und für die andere Seite gegenüber alpha liegt: die **Gegen**kathete.

Rechtwinkliges Dreieck, rechter Winkel γ (Gamma) im Punkt C

➜ Hypotenuse = c   ➜ Katheten = a und b

Winkel α (Alpha) im Punkt A / Winkel β (Beta) im Punkt B

➜ Für sin / cos / tan von α (Alpha) gilt:
Hypotenuse ist c / Gegenkathete ist a / Ankathete ist b

(Gegenkathete: die Kathete, die dem Winkel gegenüberliegt, hier a)
(Ankathete: die Kathete, die dem Winkel anliegt, die einen Schenkel des Winkels bildet)

➜ Für sin / cos / tan von β (Beta) gilt:
Hypotenuse ist c / Gegenkathete ist b / Ankathete ist a

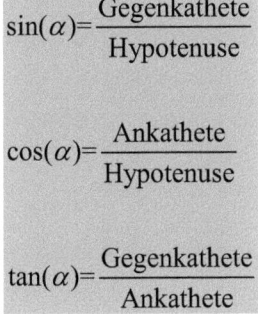

$$\sin(\alpha) = \frac{\text{Gegenkathete}}{\text{Hypotenuse}}$$

$$\cos(\alpha) = \frac{\text{Ankathete}}{\text{Hypotenuse}}$$

$$\tan(\alpha) = \frac{\text{Gegenkathete}}{\text{Ankathete}}$$

Aufgaben Sinus, Cosinus, Tangens:

1. Bestimme für ein rechtwinkliges Dreieck ABC mit den Katheten a und b die Hypotenuse c, sin (a), cos

(a), sin (ß) und cos(ß).

a) a=3,3 cm und b=6,5 cm

b) a=7,2 cm und b=2,1 cm

2. Ein rechtwinkliges Dreieck ABC hat die Hypotenuse c=6,5 cm und die Kathete a=3,3 cm.

Bestimme bitte die Kathete b, tan(a) und tan(ß).

3)Berechne bitte die fehlenden Seiten und Winkel.

a) a=3 cm; b=4 cm; y=90°

b) a=5 cm ; c=8 cm ; ß=90°

c) b=15 cm; a=7 cm; ß=90°

4)

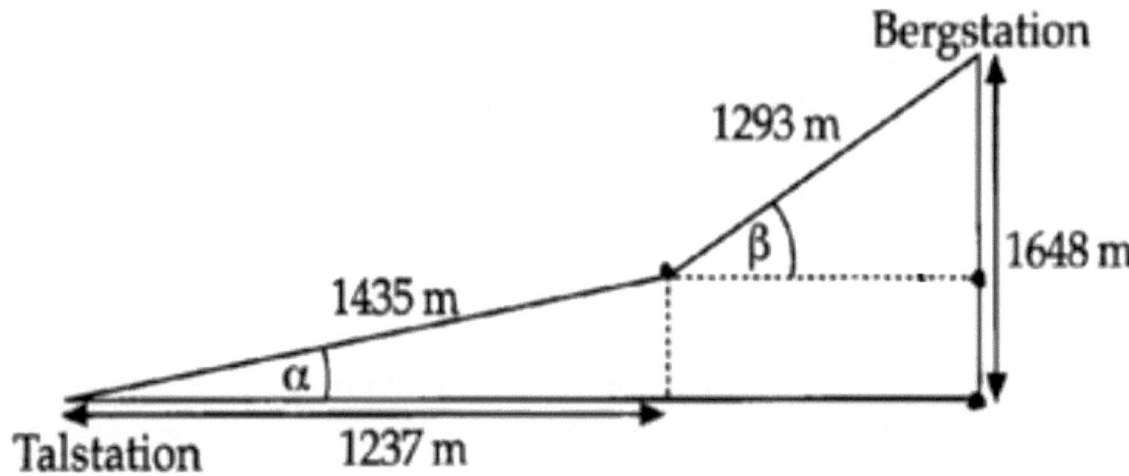

Eine Seilbahn hat von der Talstation bis zur Bergstation zwei verschiedene Steigungen zu überwinden.

Bitte berechne die beiden Steigungswinkel α (Alpha) und β (Beta).

Lösungen Sinus, Cosinus, Tangens:

1. a)   c=7,2897 cm

$$\sin(\alpha)=\frac{3,3}{7,2897}=0,4527$$

$$\cos(\alpha)=\frac{6,5}{7,2897}=0,8917$$

$$\sin(\beta)=\frac{6,5}{7,2897}=0,8917$$

$$\cos(\beta)=\frac{3,3}{7,2897}=0,4527$$

b)   b)

c=7,5 cm

$$\sin(\alpha)=\frac{7,2}{7,2897}=0,98$$

$$\cos(\alpha)=\frac{2,1}{7,2897}=0,28$$

$$\sin(\beta)=\frac{2,1}{7,2897}=0,28$$

$$\cos(\beta)=\frac{7,2}{7,2897}=0,98$$

2) b=5,6 cm
a)

$$\tan(\alpha)=\frac{3,3}{5,6}=0,5893$$

$$\tan(\beta)=\frac{5,6}{3,3}=1,6970$$

c)

$$15^2=7^2+c^2 \quad |-49$$

$$c^2=176 \quad |\sqrt{\ldots}$$

$$c=13,27 \text{ cm}$$

$$\sin(\alpha)=\frac{7}{15}=0,46 \dashrightarrow \alpha=27,3871°$$

$$\sin(\gamma)=\frac{c}{b}=\frac{13,27}{15}\; 0,884 \dashrightarrow \gamma=62,128°$$

3)   a)

$$c^2=3^2+4^2$$

$$c^2=25 \quad |\sqrt{\ldots}$$

$$c=5$$

$$\sin(\alpha)=\frac{3}{5}=0,6 \dashrightarrow \alpha=36,87°$$

$$\sin(\beta)=\frac{4}{5}=0,8 \dashrightarrow \beta=53,13°$$

b)

$$b^2=a^2+c^2$$

$$b^2=5^2+8^2$$

$$b^2=89 \quad |\sqrt{\ldots}$$

$$b=9,43 \text{ cm}$$

Vorgehensweise (Aufgabe 3)

1. Zuerst stellt man eine Skizze auf und zeichnet die gegebenen Seiten und Winkel ein.
2. Danach berechnet man die fehlende Seite mit dem Satz des Pythagoras.

$c^2=3^2+4^2$

$c^2=25 \quad |\sqrt{\ldots}$

$c=5$

3. Nun berechnet man mit dem Sinus, Kosinus oder Tangenssatz die Seitenverhältnisse und damit die Winkel.

$$\sin(\alpha)=\frac{3}{5}=0,6 \dashrightarrow \alpha=36,87°$$

$$\sin(\beta)=\frac{4}{5}=0,8 \dashrightarrow \beta=53,13°$$

$$\sin(\alpha)=\frac{3}{5}=0,6 \dashrightarrow \alpha=36,87°$$

$$\sin(36,87°)=\frac{3}{5}=0,6$$

=> Aufgabe 4

3)
❶ **Schritt 1: Punkte benennen/eintragen**

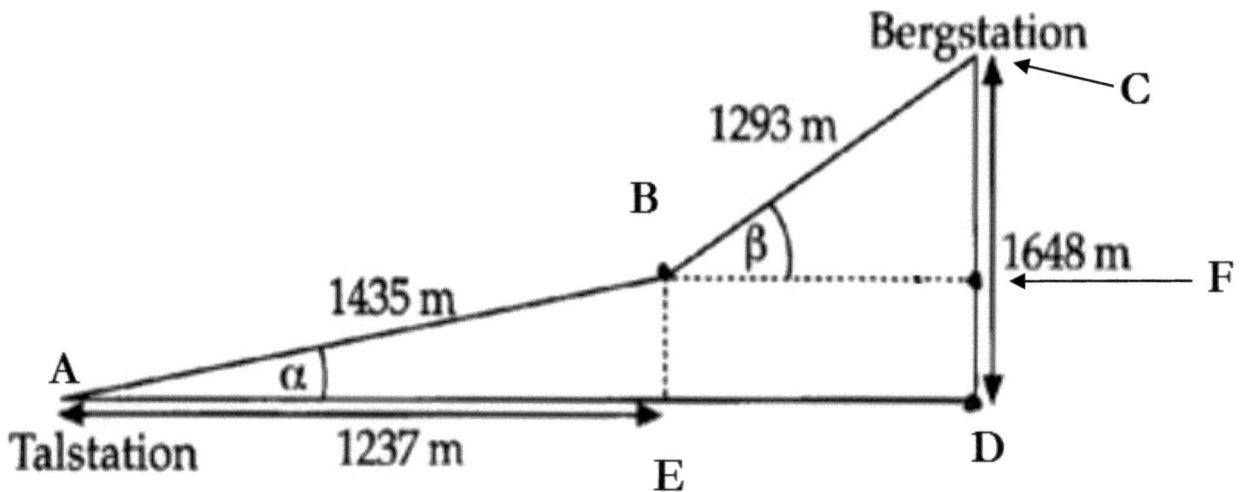

❷ Schritt 2: Winkel alpha berechnen
Rechtwinkliges Dreieck AEB mit rechtem Winkel in E
Hilfe mit der "**Gaga-Hummel-Hummel-AG**" oder auch "**Gaga-Hühnerhof-AG**".
Man schreibe jeweils 4 Buchstaben dieser AG nebeneinander in zwei Reihen:

G	A	G	A
H	H	A	G

----

s	c	t	cot
Sinus	Cosinus	Tangens	Cotangens

Um alpha mit den gegebenen Werten (AK und Hyp) zu berechnen, bietet sich cos alpha an:

$$\cos\ alpha = \frac{AK}{Hyp}\quad hier = \frac{AE}{AB} = \frac{1.237\ m}{1.435\ m} = 0,86 \Rightarrow \textbf{alpha = 30,86 Grad}$$

❸ **Schritt 3: BE ausrechnen**
Rechtwinkliges Dreieck ABE mit rechtem Winkel E
AB = c / AE = a / BE = b   gesucht BE = b
$a^2 + b^2 = c^2$ / $- a^2$
$\quad b^2 = c^2 - a^2$
$\quad b^2 = 1435^2 - 1237^2$
$\quad b = 727 = BE$

❹ **Schritt 4: CF berechnen**
CD = 1648 und BE=DF=727
CF = CD - DF = 921

❺ **Schritt 5: Winkel beta berechnen**
Rechtwinkliges Dreieck BCF mit rechtem Winkel in F
Um beta mit den gegebenen Werten (GK und Hyp) zu berechnen, bietet sich sin beta an:

$$\sin\ beta = \frac{GK}{Hyp}\quad hier = \frac{CF}{BC} = \frac{921\ m}{1.293\ m} = 0,71 \Rightarrow \textbf{beta = 45,42 Grad}$$

Lösungssatz:

Die beiden Steigungswinkel haben den Wert alpha = 30,86 Grad und beta = 45,42 Grad

12-Wahrscheinlichkeitsrechnung:

Eine Wahrscheinlichkeit gibt an, wie sicher etwas passieren wird.
Wahrscheinlichkeiten können berechnet werden, indem die Ergebnisse eines Experiments betrachtet
werden, oder Gedanken zu den möglichen Ergebnissen gemacht werden.

Die **Ergebnismenge** Ω (Ergebnisraum) enthält alle Ergebnisse eines Zufallsexperimentes. Die Anzahl
der Ergebnisse in Ω bezeichnet man als dessen **Mächtigkeit**. Es gilt: $|\Omega| = n$
Jede Teilmenge der Ergebnismenge Ω bezeichnet man als ein **Ereignis E**.
(Beispiel: Mit einem Würfel wird einmal gewürfelt, das Ergebnis ist 5, dann ist das Ereignis = 5)
Wenn man dasselbe Zufallsexperiment mehrfach hintereinander ausführt, so bezeichnet man es als
ein **mehrstufiges Zufallsexperiment** (beispielsweise mehrfaches Würfeln). Die Ergebnismenge Ω
besteht dann aus der Menge aller möglichen Ereignisse.
Ein **Gegenereignis** ist die Menge aller Ergebnisse, die nicht zum Ereignis gehören.

Bei **mehrstufigen Zufallsexperimenten** ist es wichtig, ob nach der ersten Ausführungen wieder mit der
Ausgangssituation anfängt oder ob es eine neue Ausgangssituation gibt.
Beispiel: Aus einem normalen Kartenspiel (32 Karten) wird eine Karte herausgenommen.
Die Wahrscheinlichkeit eine bestimmte Karte zu erhalten (z.B. Herz Dame) beträgt:
1/32   wobei 1 das Ereignis ist und 32 die Summe aller Ereignisse (Karten) ist.
Wird nun eine weitere Karte herausgenommen, ist es wichtig, ob die erste Karte wieder zu den Karten
gelegt wird oder ob sie auf die Seite gelegt, also nicht weiter am Experiment teilnimmt.
Wahrscheinlichkeit **MIT** zurücklegen: 1/32
Wahrscheinlichkeit **OHNE** zurücklegen: 1/31 (es sind ja nur noch 31 Karten vorhanden)

Berechnung der Wahrscheinlichkeit:
Meist lässt sich die Wahrscheinlichkeit, das ein bestimmtes Ereignis eintritt, mit Hilfe eines
Baumdiagramms darstellen und ausrechnen.
Beispiel: Ein normales Kartenspiel mit 32 Karten (König, Dame, Bube, As, 7, 8, 9 und 10, jeweils in Herz,
Karo (beide rot) und Pik und Kreuz (beide schwarz).
Die Wahrscheinlichkeit eine bestimmte Karte zu erhalten (z.B. Herz Dame) beträgt:
1/32   wobei 1 das Ereignis ist und 32 die Summe aller Ereignisse (Karten) ist.
Wird nun eine weitere Karte herausgenommen, ist es **wichtig**, ob die erste Karte wieder zu den Karten
gelegt wird oder ob sie auf die Seite gelegt, also nicht weiter am Experiment teilnimmt.
Wahrscheinlichkeit **MIT** zurücklegen: 1/32
Wahrscheinlichkeit **OHNE** zurücklegen: 1/31 (es sind ja nur noch 31 Karten vorhanden)

1. Beispiel: Dreifaches Zufallsexperiment mit einer Münze (rot oder gelb) ("mit zurücklegen")

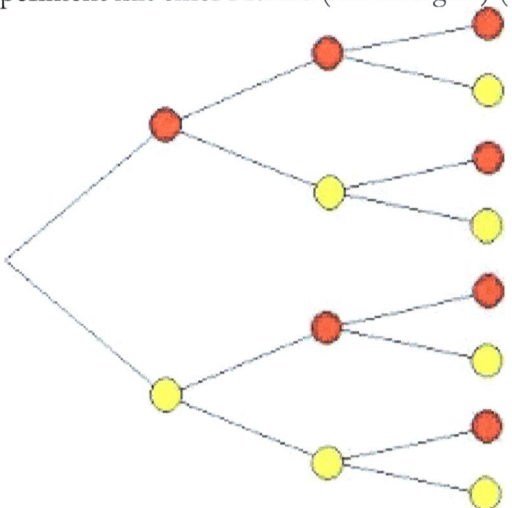

2. Beispiel:
Ein Glücksrad wird zweimal hintereinander gedreht.

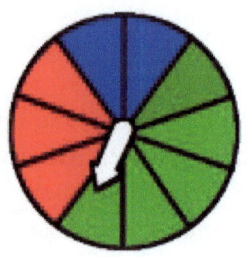

Insgesamt 10 Möglichkeiten (Ergebnismenge)
Grün: 5 Möglichkeiten (5/10 als Bruch, 0,5 als Zahl)   Rot: 3/10 (0,3)   Blau 2/10 (0,2)
Gesamtsumme: 5/10 + 3/10 + 2/10 = 10/10 = 1   /   0,5 + 0,3 + 0,2 = 1
Die Gesamtsumme muß immer 1 sein!

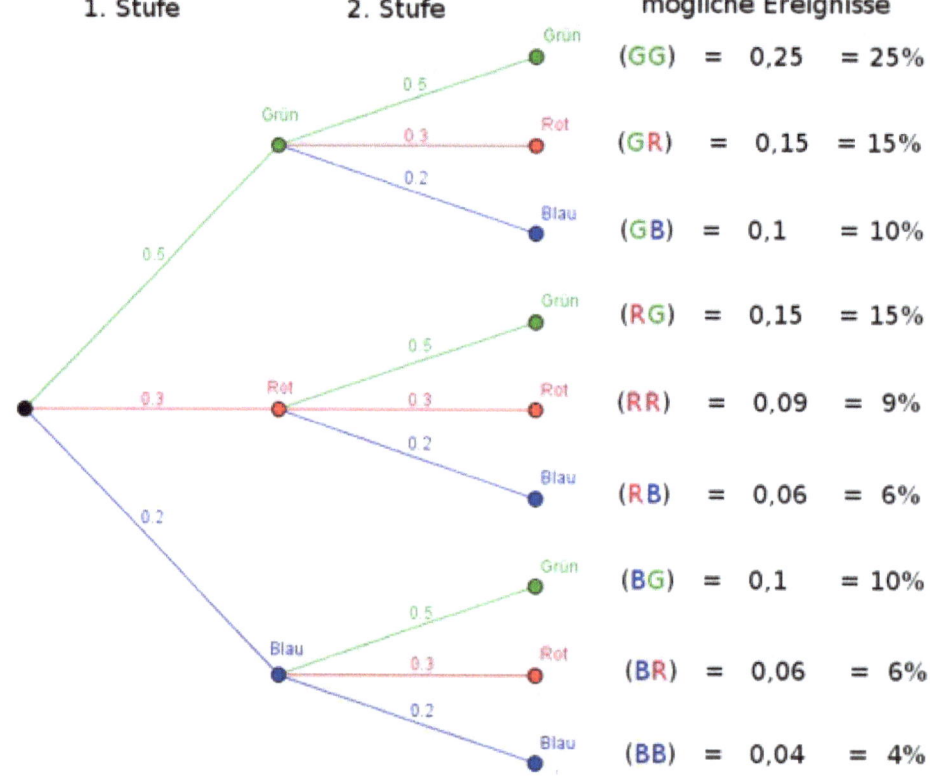

Wie groß ist die Wahrscheinlichkeit, daß bei zweimaligen
Drehen immer ein grünes Ergebnis erscheint?
Oberer Pfad: Produktregel:
0,5 (erstes Drehen) mal 0,5 (zweites Drehen) = 0,25 = 25%
Pfad (Weg, hier: grün, grün)
das Wort fängt mit P an => Produktregel

Wie groß ist die Wahrscheinlichkeit,
daß bei zweimaligen Drehen
mindestens einmal ein rotes Ergebnis erscheint?
Summe aller Wahrscheinlichkeiten: **Summenregel**
GR + RG + RR + RB + BR
0,15 + 0,15 + 0,09 + 0,06 + 0,06 = 0,51 = 51 %

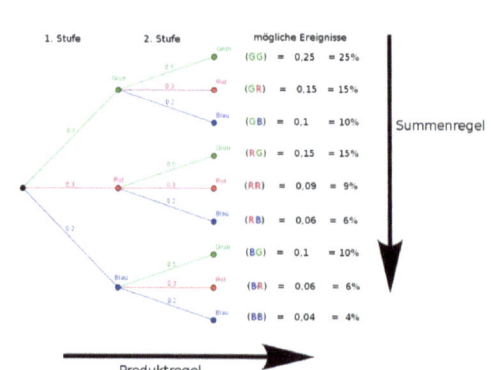

Aufgaben Wahrscheinlichkeit:

Dora aus Köln ist mit einem Koffer in Urlaub auf Norderney. In dem Koffer befinden sich unter anderem

* drei Oberteile (schwarz, weiß und rot)

* zwei Hosen (lang und kurz)

* drei Paar Schuhe (flach, mittel und hoch).

Aufgabe 1:

Entwerfe bitte ein Baumdiagramm, (Reihenfolge: Oberteile, Hose, Schuhe)

und trage an jeden einzelnen Ast die jeweilige Wahrscheinlichkeit (27 Wahrscheinlichkeiten)

Aufgabe 2:

Mit welcher Wahrscheinlichkeit hat Dora folgende Kleidungsstücke an:

schwarzes Oberteil mit der langen Hose und den hohen Schuhen?

Benutze bitte das Baumdiagramm aus der Aufgabe 1.

Aufgabe 3:

Berechne die Wahrscheinlichkeit, dass Dora die flachen Schuhe oder das rote Oberteil an hat?

Benutze bitte das Baumdiagramm aus der Aufgabe 1.

Aufgabe 4:

Zu Hause hat Dora noch mehr Kleidungsstücke, denn sie hat von allen Teilen nur je ein Zehntel

mitgenommen. Hinzu kommen noch 20 Schmuckteile.

Wie viele Kombinationen ergeben sich, wenn sie ein Oberteil, eine Hose, ein paar Schuhe und ein

Schmuckteil anziehen möchte?

Wie viele Stunden(Tage) braucht Dora, bis sie sich entscheiden kann, wenn sie jede Kombination nur 10

Sekunden testet?

Lösungen Wahrscheinlichkeit:

Dora aus Köln ist mit einem Koffer in Urlaub auf Norderney. In dem Koffer befinden sich unter anderem
* drei Oberteile (schwarz, weiß und rot)
* zwei Hosen (lang und kurz)
* drei Paar Schuhe (flach, mittel und hoch).

Aufgabe 1:
Entwerfe bitte ein Baumdiagramm, (Reihenfolge: Oberteile, Hose, Schuhe)
und trage an jeden einzelnen Ast die jeweilige Wahrscheinlichkeit
(27 Bezeichnungen und 27 Wahrscheinlichkeiten)

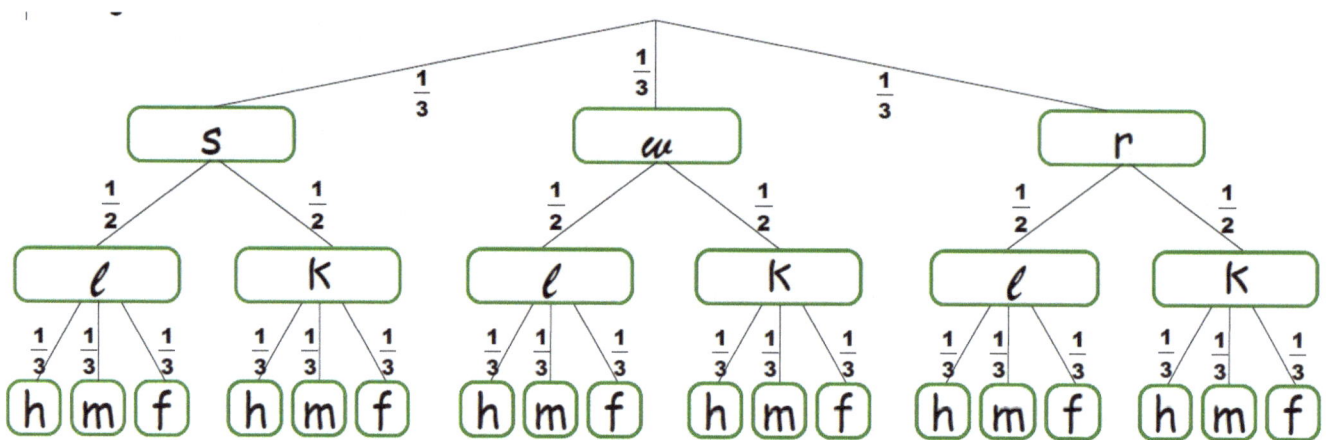

Aufgabe 2:
Mit welcher Wahrscheinlichkeit hat Dora folgende Kleidungsstücke an:
schwarzes Oberteil mit der langen Hose und den hohen Schuhen?
Benutze bitte das Baumdiagramm aus der Aufgabe 1.

$$\frac{1}{3} \times \frac{1}{2} \times \frac{1}{3} = \frac{1}{18}$$

Produktregel
Der Pfad (Weg) ist: s l h = s (schwarz 1/3) mal l (lang 1/2) mal h (1/3)

Aufgabe 3:
Berechne die Wahrscheinlichkeit, dass Dora die flachen Schuhe oder das rote Oberteil an hat?
Benutze bitte das Baumdiagramm aus der Aufgabe 1.

$$\frac{1}{3} + 4 \times \frac{1}{3} \times \frac{1}{2} \times \frac{1}{3} = \frac{5}{9}$$

Aufgabe 4:
Zu Hause hat Dora noch mehr Kleidungsstücke, denn sie hat von allen Teilen nur je ein Zehntel
mitgenommen. Hinzu kommen noch 20 Schmuckteile.
Wie viele Kombinationen ergeben sich, wenn sie ein Oberteil, eine Hose, ein paar Schuhe und ein
Schmuckteil anziehen möchte?

3 Oberteile => 30 Oberteile / 2 Hosen => 20 Hosen / 3 Paar Schuhe => 30 Paar Schuhe
          30   x   20   x   30   x 20 Schmuckstücke
               30 x 20 x 30 x 20 =   360.000 Kombinationen

Wie viele Stunden(Tage) braucht Dora, bis sie sich entscheiden kann, wenn sie jede Kombination nur 10
Sekunden testet?
360.000 Kombinationen x 10 Sekunden = 3.600.000 Sekunden
(: 60) = 60.000 Minuten   (:60) = 1.000 Stunden   (:24) = 41,66 Tage

13- Tabellenkalkulation:

Eine Tabellenkalkulation ist eine Software für die Eingabe und Verarbeitung von numerischen (Ziffern und zusätzlichen Sonderzeichen) und alphanumerischen (Buchstaben und Ziffern) Daten in Form einer Tabelle. Vielfach erlaubt sie zusätzlich die grafische Darstellung der Ergebnisse in verschiedenen Anzeigeformen.

Das Bildschirmfenster der Software ist dabei in Zeilen und Spalten eingeteilt. Je nach Programm bzw. Bedienungskonzept heißt dieser Bereich zum Beispiel Arbeitsblatt, Worksheet oder Spreadsheet. Jede Zelle der Tabelle kann eine Konstante (Zahl, Text, Datum, Uhrzeit …) oder eine Formel enthalten. Für die Formeln stehen meist zahlreiche Bibliotheksfunktionen zur Verfügung. Die Formeln können Werte aus anderen Zellen benutzen.

Bei Änderung der verbundenen Zellen einer Formel aktualisiert die Software den erst angezeigten Wert der Formelzelle normalerweise automatisch, ggf. aber auch nur auf Anforderung.
Beispiel: Wert der Zelle B5 wird berechnet aus dem Wert der Zelle D3 multipliziert mit 4
Ändert sich der Wert der Zelle D3, ändert sich automatisch auch der Wert der Zelle B5
Werden Formeln eines Tabellenfeldes an andere Stellen kopiert, muss zwischen absolutem und relativem Zellbezug unterschieden werden. Formelzellen können auf andere Formelzellen verweisen. Mit diesem Prinzip können komplizierte Rechengänge mit vielen verknüpften Teil-Ergebnissen übersichtlich dargestellt werden.

Viele Tabellenkalkulationsprogramme haben einen ähnlichen Aufbau.

Die **Menüleiste** (ganz oben) gibt nach dem Anklicken der Worte weitere Untermenüs frei. Meist findet man im Menü alle Befehle eines Programmes, aber neuere Programme lagern etliche Befehle in die Kontextmenüs aus, die man mit einem rechten Mausklick aufrufen kann.

Die **Symbolleisten** liegen unter dem Menü und enthalten häufig verwendete Befehle als Bildchen (Icon). Die Befehle werden mit einem Mausklick auf das Icon aufgerufen. Wenn man mit dem Mauszeiger kurz über dem Icon verweilt, wird das Icon erklärt. Symbolleisten können ein- und ausgeblendet und nach eigenen Wünschen gestaltet werden.

Die **Rechenleiste oder Funktionsleiste** dient der Eingabe von Formeln.

Die **Statusleiste** befindet sich meist unterhalb des Tabellenfeldes und gibt Auskunft über aktuelle Einstellungen.

Die **Zeilen - und Spaltenköpfe** dienen der Adressierung der Zellen. Sie können am Bildschirm oder für den Ausdruck ein- oder ausgeblendet werden.

Die Tabellen lassen sich dann in vielfältigen Formen grafisch darstellen. Sehr beliebt ist dabei das sogenannte "Kuchendiagramm".

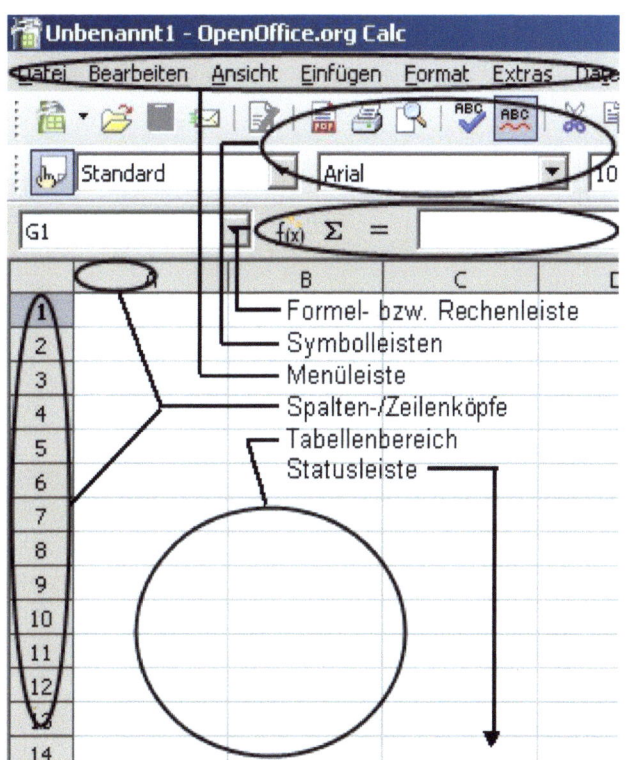

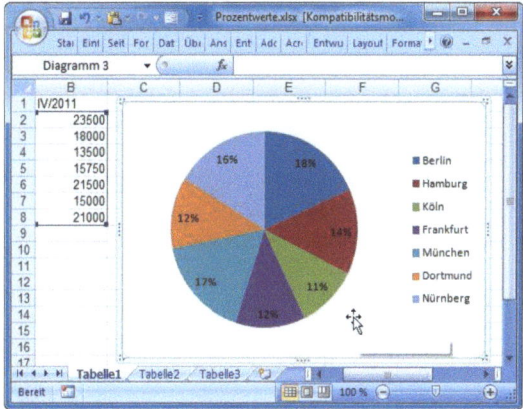

Aufgaben zu Tabellenkalkulation:

Bitte erstelle eine Tabelle "Benzinverbrauchstabelle".

1) Wie muß die Formel zur Berechnung des Literpreises lauten(E7 bis E19)?
2) Wie muß die Formel zur Berechnung der enthaltenden MwSt lauten(F7 bis F19)?
3) Wie muß die Formel zur Berechnung des Verbrauchs je 100 km lauten(G7 bis G19)?
4) Wie muß die Formel zur Berechnung der Gesamtkilometer lauten(A7 bis A19)?

5) Wie muß die Formel zur Berechnung der gesamten Gesamtkilometer lauten(F3)?
6) Wie muß die Formel zur Berechnung des gesamten Durchschnittsverbrauch lauten (F2)?

	A	B	C	D	E	F	G
1			Benzinverbrauchstabelle				
2	MwSt in %	19			Durchschnittsverbrauch		
3					Gesamtkilometer		
4	Beginn bei Kilometerstand	25.743					
5							
6	Gesamt-kilometer	Kilometer	Liter	€	Literpreis in €	enthalt. MwSt in €	Verbrauch je 100 km
7		472	40,12	60,00			
8		481	39,98	56,24			
9		563	48,85	72,50			
10		356	30,26	45,39			
11		568	46,87	72,70			
12		277	25,10	39,00			
13		369	32,43	49,50			
14		411	34,78	53,50			
15		399	34,60	51,90			
16		341	30,52	45,50			
17		300	25,50	38,00			
18		486	40,50	60,00			
19		499	43,85	65,00			
20		372	30,12	45,00			
21		484	40,57	60,00			
22		362	30,00	45,00			
23		387	34,78	53,00			
24		321	33,89	52,00			

Lösungen zu Tabellenkalkulation:

Bitte erstelle eine Tabelle "Benzinverbrauchstabelle".

	A	B	C	D	E	F	G
1			Benzinverbrauchstabelle				
2	MwSt in %	19		Durchschnittsverbrauch			
3				Gesamtkilometer			
4	Beginn bei Kilometerstand	25.743					
5							
6	Gesamt-kilometer	Kilometer	Liter	€	Literpreis in €	enthalt. MwSt in €	Verbrauch je 100 km
7		472	40,12	60,00			
8		481	39,98	56,24			
9		563	48,85	72,50			
10		356	30,26	45,39			
11		568	46,87	72,70			
12		277	25,10	39,00			
13		369	32,43	49,50			
14		411	34,78	53,50			
15		399	34,60	51,90			
16		341	30,52	45,50			
17		300	25,50	38,00			
18		486	40,50	60,00			
19		499	43,85	65,00			
20		372	30,12	45,00			
21		484	40,57	60,00			
22		362	30,00	45,00			
23		387	34,78	53,00			
24		321	33,89	52,00			

1) Wie muß die Formel zur Berechnung des Literpreises lauten(E7 bis E19)?
D7 / C7 und entsprechend

2) Wie muß die Formel zur Berechnung der enthaltenden MwSt lauten(F7 bis F19)?
D7 / (100 + B2) * B2 und entsprechend (B2 bleibt immer, B2)

3) Wie muß die Formel zur Berechnung des Verbrauchs je 100 km lauten(G7 bis G19)?
(C7 / B7) * 100 und entsprechend

4) Wie muß die Formel zur Berechnung der Gesamtkilometer lauten(A7 bis A19)?
In A7: B4 + B7, ab A8: A7 + B8 und entsprechend

5) Wie muß die Formel zur Berechnung der gesamten Gesamtkilometer lauten(F3)?
F3 = Summe(B7:B24)

6) Wie muß die Formel zur Berechnung des gesamten Durchschnittsverbrauch lauten (F2)?
F2 = Summe(C7:C24) / F2 * 100

Zentrale Prüfungen 2017 – Mathematik

Anforderungen für den Mittleren Schulabschluss (MSA)

Prüfungsteil I

Aufgabe 1

a) Berechne die Länge der fehlenden Seite im Dreieck (Abbildung).

b) Entscheide, ob ein Dreieck mit den Seitenlängen $a = 6$ cm, $b = 8$ cm und $c = 10$ cm rechtwinklig ist. Begründe deine Antwort.

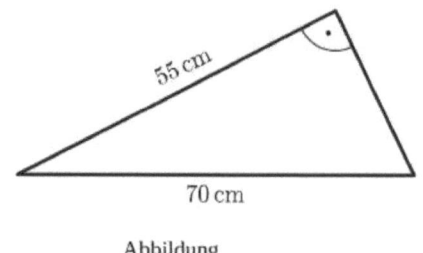

Abbildung

Aufgabe 2

Vergleiche die Zahlen und setze das Zeichen >, < oder = ein.

$\frac{5}{10}$ ☐ $\frac{5}{7}$ $0,05$ ☐ $5 \cdot 10^{-3}$ $-0,1$ ☐ $-\frac{1}{10}$

Aufgabe 3

2015 wurde in Deutschland mit Produkten aus Fairem Handel ein Umsatz von 1,14 Milliarden Euro erzielt. Das Kreisdiagramm zeigt die Anteile verschiedener Produkte am Gesamtumsatz des Fairen Handels.

a) Berechne, wie hoch der Umsatz mit Kaffee in Milliarden Euro war.

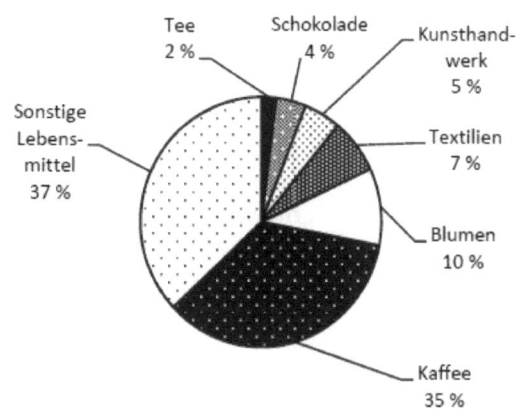

Anteile verschiedener Produkte am Gesamtumsatz des Fairen Handels 2015

b) Beurteile die folgenden Aussagen mithilfe des Kreisdiagramms.

Aussage	trifft zu	trifft nicht zu
Ein Zehntel des Gesamtumsatzes wurde mit Blumen erzielt.	☐	☐
Mehr als 40 % des Gesamtumsatzes wurden mit Kaffee und Tee erzielt.	☐	☐
Der Umsatz mit Textilien und Kunsthandwerk war dreimal so hoch wie mit Schokolade.	☐	☐

Aufgabe 4

a) Löse das lineare Gleichungssystem. Notiere deinen Lösungsweg.

  I $2x + y = 14$

  II $3x - 2y = 7$

b) Begründe, warum das folgende lineare Gleichungssystem keine Lösung hat.

  I $y = 4x + 8$

  II $y = 4x + 5$

Aufgabe 5

Frau Sommer hat ein Bekleidungsgeschäft. Für die Rabattaktion „10 % Rabatt auf alle Pullover"
möchte sie die neuen Preise mit einer Tabellenkalkulation berechnen.

	A	B	C	D
1	**Rabatt in %**	10		
2	Produkt	alter Preis in €	Rabatt in €	neuer Preis in €
3	Pullover rot	39,99	4,00	35,99
4	Pullover schwarz	44,99	4,50	40,49
5	Pullover mit Kapuze	29,99	3,00	26,99
6	Pullover blau	18,99	1,90	17,09
7	Pullover gestreift	24,99	2,50	22,49

a) Entscheide, mit welchen Formeln man den Wert in Zelle D3 berechnen kann. Kreuze an.

Formel	geeignet	nicht geeignet
=B3*(1+B1/100)	❑	❑
=B3-C3	❑	❑
=B3*(1-B1/100)	❑	❑
=B3+C3	❑	❑

b) Der Wert in Zelle B1 wird erhöht. Wie verändert sich der Wert in Zelle D6?
Beschreibe den Zusammenhang.

Prüfungsteil II

Aufgabe 1: Schokoladenkugeln

Kara stellt mithilfe einer Form selbst Schokoladenkugeln her. Diese bestehen vollständig aus Schokolade und haben einen Durchmesser von 1,5 cm.

a) Zeige, dass das Volumen einer Kugel ca. 1,77 cm³ beträgt.

b) Kara will 100 Kugeln aus Vollmilchschokolade herstellen.
   Ein Kubikzentimeter (cm³) Vollmilchschokolade wiegt 1,3 Gramm (g).
   Wie viel Gramm Schokolade sollte Kara einkaufen, wenn etwa 5 % in den Formen zurück-bleiben? Notiere deine Rechnung und runde sinnvoll.

c) Sie möchte alle Kugeln in rote Aluminiumfolie verpacken. Sie hat quadratische Stücke mit einer Kantenlänge von 5 cm zur Verfügung.
   Begründe, dass ein solches Stück Aluminiumfolie geeignet ist, um eine Kugel zu verpacken.

Als Geschenk für ihren Opa füllt sie 24 verpackte Schokokugeln in eine Tüte. Davon sind 6 Kugeln aus weißer Schokolade (W) und 6 Kugeln aus Zartbitter-schokolade (Z). Die restlichen Kugeln sind aus Voll-milchschokolade (V). Die Kugeln sind von außen nicht zu unterscheiden.

d) Karas Opa nimmt eine Kugel aus der Tüte. Sie ist aus weißer Schokolade.
   Begründe, dass die Wahrscheinlichkeit für dieses Ereignis $P(W) = \dfrac{1}{4}$ beträgt.

e) Er isst die Kugel auf und nimmt erneut eine Kugel aus der Tüte.
   Wie hoch ist die Wahrscheinlichkeit, dass diese Kugel wieder aus weißer Schokolade ist?
   Ergänze den fehlenden Eintrag in dem Baum-diagramm.

f) Kara hat noch eine weitere Tüte mit 24 Kugeln gleicher Verteilung für ihre Oma mitgebracht. Die Oma nimmt zwei Kugeln aus der Tüte.
   Berechne die Wahrscheinlichkeit, dass davon eine Kugel aus weißer Schokolade und eine Kugel aus Vollmilchschokolade ist.

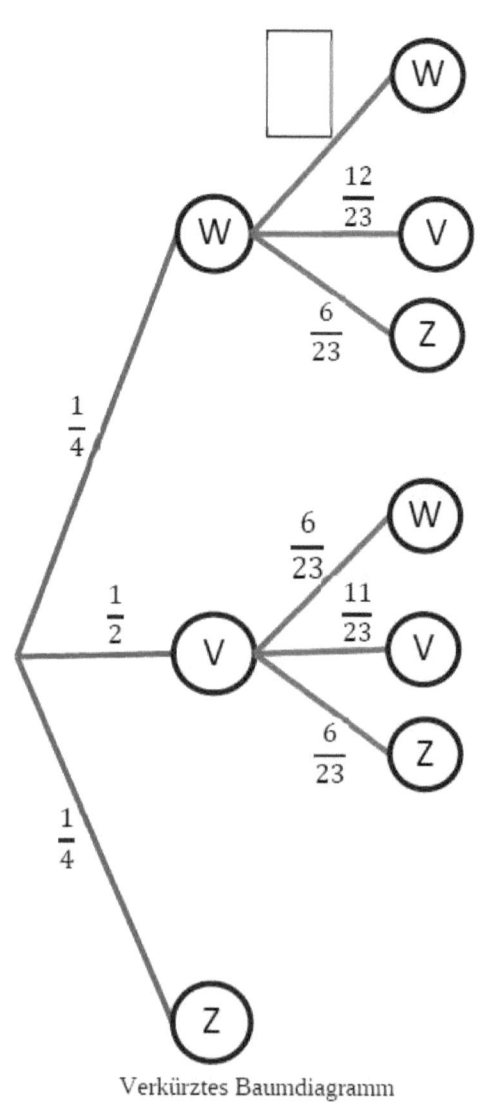

Verkürztes Baumdiagramm

Aufgabe 2: Quadrate

Anna und Hussam zeichnen nach einem bestimmten Muster Figuren aus grauen und weißen Quadraten.

Figur 1	Figur 2	Figur 3	Figur 4

a) Die Figuren werden fortgesetzt. Skizziere Figur 5.

b) Ergänze die fehlenden Werte in der Tabelle.

Figur	5	6	7
Anzahl aller Quadrate		36	
Anzahl der weißen Quadrate			
Anzahl der grauen Quadrate			13

c) Begründe, dass Hussams Aussage richtig ist: „Die Anzahl der weißen Quadrate beträgt bei keiner Figur genau 200."

Die Anzahl der grauen Quadrate wird mit jeder Figur größer.

Anna und Hussam stellen jeweils einen richtigen Term auf, mit dem sie die Anzahl der grauen Quadrate in Figur n berechnen können:

Anna: $n^2 - (n - 1)^2$ Hussam: $2 \cdot n - 1$

d) Zeige durch Termumformungen, dass die Terme von Anna und Hussam gleichwertig sind.

e) Beschreibe für einen der beiden Terme, wie damit die Anzahl der grauen Quadrate berechnet wird.

f) Entscheide, ob die Anzahl der grauen Quadrate linear, quadratisch oder exponentiell zunimmt. Begründe deine Antwort.

g) Anna behauptet: „Die Anzahl der weißen Quadrate wächst schneller als die Anzahl der grauen Quadrate." Hat Anna recht? Begründe deine Antwort.

Aufgabe 3: Gletschereis-Brücke

Am Moreno-Gletscher in Argentinien gab es eine Brücke aus Eis. Sie entstand, weil Wasser den Gletscher unterhöhlt hat. Am 10.03.2016 ist die riesige Eis-Brücke eingestürzt (siehe Fotostrecke).

Der Brückenbogen konnte annähernd mit einer Parabel beschrieben werden (Abbildung 1).

a) Entnimm der Abbildung 1 die Höhe h über dem Wasserspiegel und die Spannweite des parabelförmigen Brückenbogens.

b) Bestimme die Funktionsgleichung der Parabel, die den Brückenbogen beschreibt, in der Form: $f(x) = ax^2 + c$.

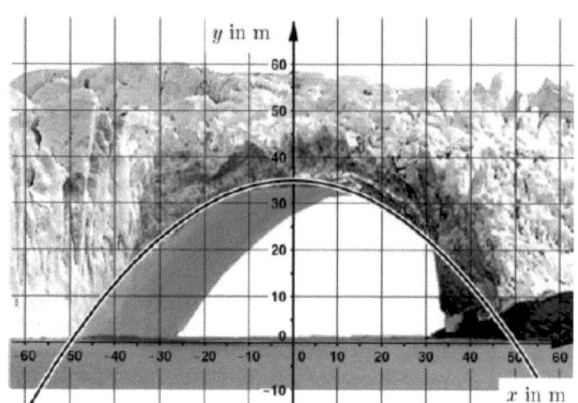

Abbildung 1:   Eis-Brücke am Moreno-Gletscher, Bogen durch eine Parabel angenähert

Rico möchte schätzen, wie viele Kubikmeter Eis bei dem Einsturz der Brücke ins Wasser fielen. Er kann aber Flächen, die durch eine Parabel begrenzt werden, nicht berechnen. Deshalb zeichnet er Hilfslinien ein (Abbildung 2) und fertigt eine Skizze an (Abbildung 3).

c) Wird mit Ricos Idee die eingestürzte Eismenge zu groß oder zu klein geschätzt? Begründe deine Entscheidung.

d) Berechne die eingestürzte Eismenge nach Ricos Idee.

e) Rico möchte die eingestürzte Eismenge besser abschätzen. Dazu möchte er die Fläche, die durch die Parabel begrenzt wird, genauer bestimmen. Beschreibe eine Möglichkeit, wie du diese Fläche genauer bestimmen kannst. Du brauchst keine Rechnung durchführen.

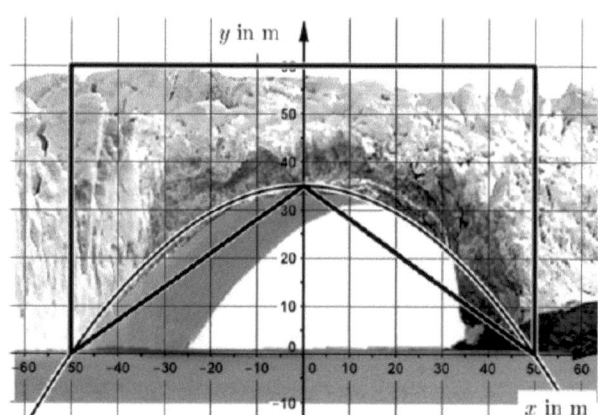

Abbildung 2: Hilfslinien zur Idee von Rico

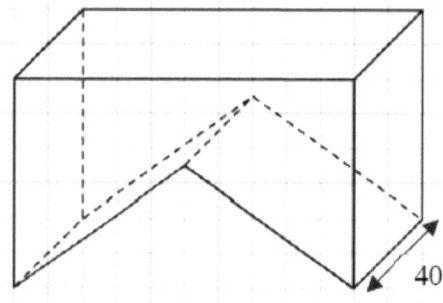

Abbildung 3: Skizze zur Berechnung

Lösungen:

Prüfungsteil I

Aufgaben 1 bis 5

Auf-gabe	Kriterien	Beispiellösung	Punkte
	Der Prüfling …		
1a)	erfasst die geometrische Situation und berechnet die Länge der fehlenden Seite.	Es gilt der Satz des Pythagoras. $$a = \sqrt{70^2 - 55^2} = 43{,}301\ldots \approx 43{,}3\ [cm]$$ Die Länge der Seite beträgt 43,3 cm.	1 1
	wählt einen anderen Lösungsweg, der sachlich richtig ist. (2)		
1b)	wählt einen geeigneten Ansatz.	Wenn das Dreieck rechtwinklig ist, muss folgende Gleichung gelten: $6^2 + 8^2 = 10^2$	1
	überprüft die Behauptung und interpretiert die Lösung.	$36 + 64 = 100$ Die Gleichung stimmt, also ist das Dreieck rechtwinklig. *(Auch eine zeichnerische Lösung wird akzeptiert.)*	1
	wählt einen anderen Lösungsweg, der sachlich richtig ist. (2)		
2)	vergleicht die Zahlen und setzt das richtige Zeichen ein.	$\frac{5}{10} < \frac{5}{7}$ $0{,}05 > 5 \cdot 10^{-3}$ $-0{,}1 = -\frac{1}{10}$ *(Für zwei richtige Zeichen gibt es einen Punkt.)*	2

Auf-gabe	Kriterien	Beispiellösung			Punkte
3a)	entnimmt die relevanten Informationen und berechnet den Prozentwert.	$G = 1{,}14$ Mrd. €, $p = 35\,\%$ $$W = \frac{1{,}14\ \text{Mrd.} \cdot 35}{100} = 0{,}399\ \text{Mrd.}$$ Durch Kaffee wurden 0,399 Mrd. Euro umgesetzt.			1 1
	wählt einen anderen Lösungsweg, der sachlich richtig ist. (2)				
3b)	beurteilt die Aussagen mithilfe der Abbildung.		trifft zu	trifft nicht zu	2
		Ein Zehntel des …	X		
		Mehr als 40 % …		X	
		Der Umsatz mit …	X		
		(Für zwei richtige Entscheidungen gibt es einen Punkt.)			

4a)	wählt ein geeignetes Lösungsverfahren und löst das LGS.	Lösen mit dem Additionsverfahren I $2x + y = 14$ | $\cdot 2$ II $3x - 2y = 7$ I $4x + 2y = 28$ II $3x - 2y = 7$ I+II $7x = 35$ | $: 7$ $x = 5$ in II einsetzen: $3x - 4 \cdot 5 = 7$ $y = 4$	1 1 1
	wählt einen anderen Lösungsweg, der sachlich richtig ist. (3)		
4b)	wählt einen geeigneten Ansatz.	Gleichungen gleichsetzen $4x + 8 = 4x + 5$ | $- 4x$ $8 = 5$	1
	begründet, warum das LGS keine Lösung hat.	Es entsteht eine falsche Aussage, somit besitzt das LGS keine Lösung.	1
	wählt einen anderen Lösungsweg, der sachlich richtig ist. (2)		

5a)	entscheidet, ob die Formeln geeignet bzw. nicht geeignet sind.		geeignet	nicht geeignet	2
		`=B3*(1+B1/100)`		x	
		`=B3-C3`	x		
		`=B3*(1-B1/100)`	x		
		`=B3+C3`		x	
		(Für zwei richtige Entscheidungen gibt es einen Punkt.)			
5b)	beschreibt den Zusammenhang.	Je höher der Rabatt (Wert in Zelle B1) ist, desto niedriger ist der neue Preis (Wert in Zelle D6).			1
	wählt einen anderen Lösungsweg, der sachlich richtig ist. (1)				
		Summe Prüfungsteil I			**18**

Prüfungsteil II

Aufgabe II.1: Schokoladenkugeln

Auf-gabe	Kriterien Der Prüfling ...	Beispiellösung	Punkte
a)	wählt einen geeigneten Ansatz.	$V = \dfrac{4}{3} \cdot \pi \cdot r^3$ $d = 1{,}5$ cm $\rightarrow r = 0{,}75$ cm	1 1
	berechnet das Volumen der Kugel.	$\dfrac{4}{3} \cdot \pi \cdot 0{,}75^3 = 1{,}76714\ldots \approx 1{,}77$ Das Volumen beträgt ca. 1,77 cm³.	1
b)	berechnet das Gewicht der herzu-stellenden Kugeln.	Gewicht einer Kugel: $1{,}77 \cdot 1{,}3 = 2{,}301$ $ 2{,}301 \cdot 100 = 230{,}1$	1
	berechnet den prozentualen „Mehr-verbrauch".	5 % von 230,1 $\rightarrow 230{,}1 \cdot 0{,}05 = 11{,}51$	1
	berechnet die Menge an benötigter Schokolade und rundet sinnvoll.	$230{,}1 + 11{,}51 = 241{,}61$ Sie muss etwa 250 g Schokolade kaufen.	1 1
	wählt einen anderen Lösungsweg, der sachlich richtig ist. (4)		
c)	wählt einen geeigneten Ansatz.	Die Kantenlänge der Folie muss mindestens genauso groß sein wie der Kugelumfang. $u = \pi \cdot d$	2
	berechnet den Umfang der Kugel.	$u = \pi \cdot 1{,}5 = 4{,}71238 \ldots \approx 4{,}7$	1
	interpretiert den Kugelumfang im Sachzusammenhang.	Ein Stück Folie ist geeignet, um eine Kugel zu verpacken, da die Kantenlänge der Alufolie größer ist als der Umfang der Kugel. *(Eine Argumentation mit der Oberfläche führt ebenfalls zu der Entscheidung, dass ein Stück Aluminiumfolie geeignet ist. Diese Argumentation wird ebenfalls als richtige Lösung gewertet.)*	1
	wählt einen anderen Lösungsweg, der sachlich richtig ist. (4)		
d)	begründet die angegebene Wahr-scheinlichkeit.	6 von 24 Kugeln sind aus weißer Schokolade, damit ergibt sich folgende Wahrscheinlichkeit: $P(W) = \dfrac{6}{24} = \dfrac{1}{4}$	2
e)	bestimmt die Wahrscheinlichkeit und ergänzt diese im Baumdiagramm.	Die Wahrscheinlichkeit, als zweites eine weiße Kugel zu ziehen, beträgt $\dfrac{5}{23}$.	2
f)	wählt einen geeigneten Ansatz und berechnet die Wahrscheinlichkeit.	$P(W,V) + P(V,W) = \dfrac{1}{4} \cdot \dfrac{12}{23} + \dfrac{1}{2} \cdot \dfrac{6}{23} = \dfrac{6}{23}$ Die Wahrscheinlichkeit, dass eine der beiden Kugeln aus weißer Schokolade und eine aus Vollmilchschokolade ist, beträgt $\dfrac{6}{23}$.	1 2
	wählt einen anderen Lösungsweg, der sachlich richtig ist. (3)		
		Summe Aufgabe II.1	**18**

Aufgabe II.2: Quadrate

Auf-gabe	Kriterien Der Prüfling ...	Beispiellösung	Punkte
a)	skizziert Figur 5.	 *(Im Unterricht vereinbarte Konventionen werden eingehalten.)*	2
b)	setzt die Figuren fort und vervollständigt die Tabelle.		3

Figur	5	6	7
Anzahl aller Quadrate	25	36	49
Anzahl der weißen Quadrate	16	25	36
Anzahl der grauen Quadrate	9	11	13

(Für jede richtig vervollständigte Zeile gibt es einen Punkt.)

c)	wählt einen geeigneten Ansatz.	Die Anzahl der weißen Quadrate ist in jeder Figur eine Quadratzahl.	1
	begründet die Richtigkeit der Aussage.	Da 200 keine Quadratzahl ist, kann die Anzahl der weißen Quadrate in keiner Figur 200 betragen.	2
	wählt einen anderen Lösungsweg, der sachlich richtig ist. (3)		
d)	zeigt durch Termumformungen, dass die Terme wertgleich sind.	$n^2 - (n-1)^2 = n^2 - (n^2 - 2n + 1)$ $= n^2 - n^2 + 2n - 1$ $= 2n - 1$	1 1 1
	wählt einen anderen Lösungsweg, der sachlich richtig ist. (3)		
e)	beschreibt für einen Term, dass dieser zur Berechnung geeignet ist.	Hussam zählt n graue Quadrate in der Zeile und n graue Quadrate in der Spalte, das ergibt $2 \cdot n$. Das Feld der rechten oberen Ecke wird doppelt gezählt, also „-1". Daraus ergibt sich der Term $2 \cdot n - 1$.	3
	wählt einen anderen Lösungsweg, der sachlich richtig ist. (3)		
f)	entscheidet, dass die Anzahl linear zunimmt.	Die Anzahl der grauen Quadrate nimmt linear zu.	1
	begründet die lineare Zunahme.	In jeder neuen Figur kommen gleichmäßig zwei gefärbte Quadrate dazu. *(Akzeptiert wird auch: Der Term von Hussam stellt einen linearen Zusammenhang her.)*	1
	wählt einen anderen Lösungsweg, der sachlich richtig ist. (2)		

g)	entscheidet, dass die Aussage richtig ist.	Ja, Anna hat recht.	1
	begründet die Antwort.	Die Anzahl der grauen Quadrate nimmt mit jeder Figur um zwei Quadrate zu. Die Anzahl der weißen Quadrate wächst quadratisch und damit schneller.	2
	wählt einen anderen Lösungsweg, der sachlich richtig ist. (3)		
	Summe Aufgabe II.2		**19**

Aufgabe II.3: Gletschereis-Brücke

Auf- gabe	Kriterien	Beispiellösung	Punkte
	Der Prüfling …		
a)	entnimmt der Abbildung die Spannweite und die Höhe der Brücke.	Der Brückenbogen hat eine Höhe von 35 m und eine Spannweite von 100 m.	1 2
b)	wählt einen geeigneten Ansatz.	$f(x) = a \cdot x^2 + 35$	1
	berechnet den Wert für a.	$0 = a \cdot 50^2 + 35$ $-0{,}014 = a$	1 1
	bestimmt die Funktionsgleichung.	Die Funktionsgleichung lautet $f(x) = -0{,}014x^2 + 35$.	1
	wählt einen anderen Lösungsweg, der sachlich richtig ist. (4)		

c)	entscheidet, dass Ricos geschätzte Eismenge größer ist.	Ricos geschätzte Eismenge ist größer als die Eismenge, die tatsächlich eingestürzt ist.	2
	begründet seine Entscheidung.	Die Eisbrücke liegt in dem betrachteten Abschnitt durchgehend oberhalb der beiden Hilfslinien des Dreiecksprismas. Daher wird das Volumen zu groß eingeschätzt.	2
	wählt einen anderen Lösungsweg, der sachlich richtig ist. (4)		
d)	wählt einen geeigneten Ansatz.	$V_{\text{Eis}} = V_{\text{Quader}} - V_{\text{Dreiecksprisma}}$	1
	berechnet das Volumen des Quaders.	$V_{\text{Quader}} = a \cdot b \cdot c = 100\,\text{m} \cdot 60\,\text{m} \cdot 40\,\text{m}$ $= 240000\,\text{m}^3$	1
	berechnet das Volumen des Dreiecksprismas.	$V_{\text{Dreiecksprisma}} = G \cdot h = \dfrac{100\,\text{m} \cdot 35\,\text{m}}{2} \cdot 40\,\text{m}$ $= 70000\,\text{m}^3$	1
	berechnet die eingebrochene Eismenge.	$V_{\text{Eis}} = 240000\,\text{m}^3 - 70000\,\text{m}^3$ $= 170000\,\text{m}^3$ Es sind ca. 170000 m³ Eis eingebrochen.	1
	wählt einen anderen Lösungsweg, der sachlich richtig ist. (4)		
e)	nähert den Verlauf der Parabel genauer an und beschreibt das weitere Verfahren.	Durch Einfügen weiterer Punkte auf der Parabel lässt sich die Fläche in Dreiecke und Trapeze zerlegen. Diese können einzeln berechnet werden.	2
	wählt einen anderen Lösungsweg, der sachlich richtig ist. (2)		
	Summe Aufgabe II.3		**17**

Umgang mit Maßeinheiten

Der Prüfling gibt bei Ergebnissen angemessene Maßeinheiten an:

☐   nie   (0 Punkte)

☐   selten   (1 Punkt)

☐   oft   (2 Punkte)

☐   immer   (3 Punkte)

Darstellungsleistung

Der Prüfling stellt seine Bearbeitung nachvollziehbar und formal angemessen dar und arbeitet bei erforderlichen Zeichnungen hinreichend genau:

☐   nie   (0 Punkte)

☐   selten   (2 Punkte)

☐   oft   (4 Punkte)

☐   immer   (6 Punkte)

Übersicht über die Punkteverteilung		
Prüfungsteil I	Aufgaben 1 bis 5	18
Prüfungsteil II	Aufgabe 1	18
	Aufgabe 2	19
	Aufgabe 3	17
Umgang mit Maßeinheiten		3
Darstellungsleistung		6
Gesamtpunktzahl		81

Notentabelle	
Punkte	**Note**
70 – 81	sehr gut
59 – 69	gut
48 – 58	befriedigend
36 – 47	ausreichend
15 – 35	mangelhaft
0 – 14	ungenügend

Prüfungsteil I

Aufgaben 1 bis 5

Auf-gabe	Anforderungen	maximal erreichbare Punktzahl	EK[1] Punktzahl	ZK[1] Punktzahl	DK[1] Punktzahl
			Lösungsqualität		
	Der Prüfling ...				
1a)	erfasst die geometrische ...	2			
	wählt einen anderen ...	(2)			
1b)	wählt einen geeigneten ...	1			
	überprüft die Behauptung ...	1			
	wählt einen anderen ...	(2)			
2)	vergleicht die Zahlen ...	2			
3a)	entnimmt die relevanten ...	2			
	wählt einen anderen ...	(2)			
3b)	beurteilt die Aussagen ...	2			
4a)	wählt ein geeignetes ...	3			
	wählt einen anderen ...	(3)			
4b)	wählt einen geeigneten ...	1			
	begründet, warum das ...	1			
	wählt einen anderen ...	(2)			
5a)	entscheidet, ob die ...	2			
5b)	beschreibt den Zusammenhang.	1			
	wählt einen anderen ...	(1)			
	Summe Prüfungsteil I	18			

[1] EK = Erstkorrektur; ZK = Zweitkorrektur; DK = Drittkorrektur

Prüfungsteil II

Aufgabe II.1: Schokoladenkugeln

Auf-gabe	Anforderungen	maximal erreichbare Punktzahl	EK Punktzahl	ZK Punktzahl	DK Punktzahl
			Lösungsqualität		
	Der Prüfling ...				
a)	wählt einen geeigneten ...	2			
	berechnet das Volumen ...	1			
b)	berechnet das Gewicht ...	1			
	berechnet den prozentualen ...	1			
	berechnet die Menge ...	2			
	wählt einen anderen ...	(4)			
c)	wählt einen geeigneten ...	2			
	berechnet den Umfang ...	1			
	interpretiert den Kugelumfang ...	1			
	wählt einen anderen ...	(4)			
d)	begründet die angegebene ...	2			
e)	bestimmt die Wahrscheinlichkeit ...	2			
f)	wählt einen geeigneten ...	3			
	wählt einen anderen ...	(3)			
	Summe Aufgabe II.1	18			

Aufgabe II.2: Quadrate

Auf-gabe	Anforderungen	maximal erreichbare Punktzahl	EK Punktzahl	ZK Punktzahl	DK Punktzahl
			Lösungsqualität		
	Der Prüfling ...				
a)	skizziert Figur 5.	2			
b)	setzt die Figuren ...	3			
c)	wählt einen geeigneten ...	1			
	begründet die Richtigkeit ...	2			
	wählt einen anderen ...	(3)			
d)	zeigt durch Termumformungen ...	3			
	wählt einen anderen ...	(3)			
e)	beschreibt für einen ...	3			
	wählt einen anderen ...	(3)			
f)	entscheidet, dass die ...	1			
	begründet die lineare ...	1			
	wählt einen anderen ...	(2)			
g)	entscheidet, dass die ...	1			
	begründet die Antwort.	2			
	wählt einen anderen ...	(3)			
	Summe Aufgabe II.2	19			

Aufgabe II.3: Gletschereis-Brücke

Auf-gabe	Anforderungen	maximal erreichbare Punktzahl	Lösungsqualität		
			EK Punktzahl	ZK Punktzahl	DK Punktzahl
	Der Prüfling ...				
a)	entnimmt der Abbildung ...	3			
b)	wählt einen geeigneten ...	1			
	berechnet den Wert ...	2			
	bestimmt die Funktionsgleichung.	1			
	wählt einen anderen ...	(4)			
c)	entscheidet, dass Ricos ...	2			
	begründet seine Entscheidung.	2			
	wählt einen anderen ...	(4)			
d)	wählt einen geeigneten ...	1			
	berechnet das Volumen ...	1			
	berechnet das Volumen ...	1			
	berechnet die eingebrochene ...	1			
	wählt einen anderen ...	(4)			
e)	nähert den Verlauf ...	2			
	wählt einen anderen ...	(2)			
	Summe Aufgabe II.3	17			

	maximal erreichbare Punktzahl	EK Punktzahl	ZK Punktzahl	DK Punktzahl
Umgang mit Maßeinheiten	3			
Darstellungsleistung	6			

Festsetzung der Note

	maximal erreichbare Punktzahl	EK Punktzahl	ZK Punktzahl	DK Punktzahl
Prüfungsteil I:				
Aufgaben 1 bis 5	18			
Prüfungsteil II:				
Aufgabe 1	18			
Aufgabe 2	19			
Aufgabe 3	17			
Umgang mit Maßeinheiten	3			
Darstellungsleistung	6			
Gesamtpunktzahl	81			

15 Test -2018:

Zentrale Prüfungen 2018 – Mathematik

Anforderungen für den Mittleren Schulabschluss (MSA)

Prüfungsteil I

Aufgabe 1

a) Ordne der Größe nach. Beginne mit der kleinsten Zahl.

$$-0,7 \qquad \frac{7}{100} \qquad -\frac{1}{7} \qquad 0,17$$

b) Miriam behauptet: „65 % sind mehr als $\frac{25}{30}$.“ Hat Miriam recht? Überprüfe die Behauptung durch eine Rechnung.

Aufgabe 2

In einem Beutel befinden sich 8 rote, 2 blaue und 6 grüne Kugeln.

a) Gib die Wahrscheinlichkeit an, eine blaue Kugel zu ziehen.

b) Bestimme die Wahrscheinlichkeit für das Ereignis „Es wird eine rote oder eine grüne Kugel gezogen".

Aufgabe 3

Eine Kugel hat einen Radius von 6 cm.

a) Berechne die Oberfläche der Kugel.

b) Sina überlegt: „Wenn ich den Radius verdopple, dann verdoppelt sich auch die Oberfläche.“
Hat Sina recht? Begründe deine Entscheidung.

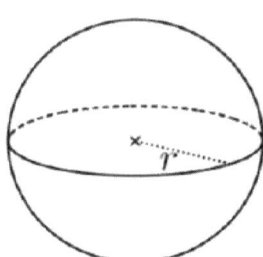

Aufgabe 4

Löse das lineare Gleichungssystem. Notiere deinen Lösungsweg.

$$\text{I} \qquad 3x + 4y = 22$$

$$\text{II} \qquad 5x - 4y = -6$$

Aufgabe 5

Marlon zeichnet mit einer Geometriesoftware den Graphen g der Funktion $g(x) = 2x + b$.

Er erstellt einen Schieberegler, mit dem er den Wert für b verändern kann.

a) Der Schieberegler zeigt den Wert für b nicht an. Gib den Wert für b an.

b) Marlon stellt für b den Wert 5 ein. Zeichne den Graphen in das Koordinatensystem.

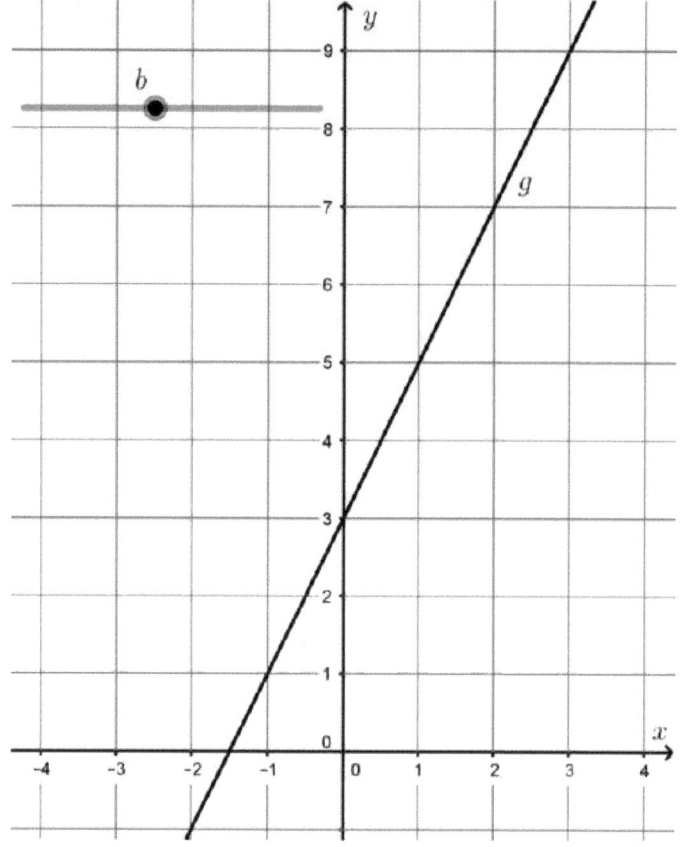

Prüfungsteil II

Aufgabe 1: Fuldatalbrücke

Max und Justus machen einen Ausflug von Frankfurt zur Fuldatalbrücke in Baunatal (Abbildung 1).

Die Freunde gehen zu Fuß zum Bahnhof in Frankfurt. Der Fußweg hat eine Länge von 2,4 km. Sie gehen mit einer durchschnittlichen Geschwindigkeit von vier Kilometern pro Stunde [km/h].

Abbildung 1: Fuldatalbrücke
Foto: © Christian Klotz

a) Berechne, wie viele Minuten die beiden bis zum Bahnhof benötigen.

Die Freunde fahren mit dem Zug um 8:14 Uhr in Frankfurt los und kommen um 11:13 Uhr in Baunatal an. Der abgebildete Graph stellt vereinfacht den Verlauf ihrer Zugfahrt dar (Abbildung 2).

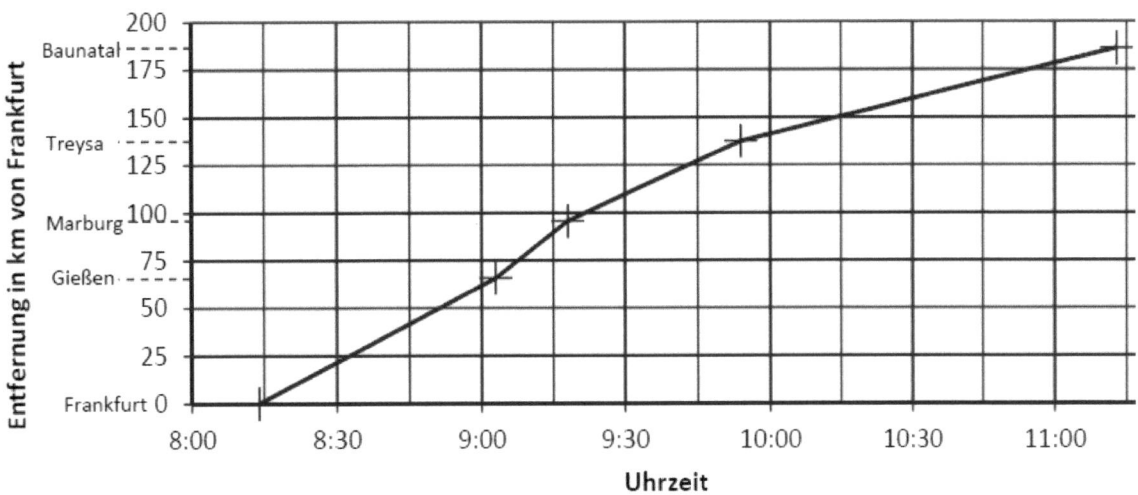

Abbildung 2: Verlauf der Zugfahrt

b) Auf welcher Teilstrecke fährt der Zug mit der höchsten Durchschnittsgeschwindigkeit? Begründe deine Entscheidung.

Um 8:30 Uhr fährt in Baunatal ein Güterzug nach Frankfurt los. Er fährt die Strecke mit einer durchschnittlichen Geschwindigkeit von 100 Kilometern pro Stunde [km/h].

c) Zeichne den Verlauf der Fahrt des Güterzugs in die Grafik ein (Abbildung 2). Entnimm der Grafik den Streckenabschnitt, auf dem sich die beiden Züge begegnen und gib die ungefähre Uhrzeit an.

Der Zug durchfährt Kurven in Schräglage. Um diese Schräglage zu erreichen, werden die Gleise unterschiedlich hoch verlegt (Abbildung 3). Der Neigungswinkel α darf maximal 7,1° betragen.

d) Max behauptet: „Wenn der Neigungswinkel $\alpha = 7{,}1°$ beträgt, dann beträgt der Höhenunterschied der Gleise $u \approx 17{,}7$ cm."
   Hat Max recht? Begründe mit einer Rechnung.

Abbildung 3: Zug in Schräglage

In Baunatal fotografieren Max und Justus die Brücke für den Mathematikunterricht. Der Brücken-bogen kann durch eine Parabel g der Form $g(x) = d \cdot (x - e)^2 + f$ angenähert werden (Abbildung 4).

Abbildung 4: Fuldatalbrücke, Brückenbogen durch eine Parabel angenähert, alle Angaben sind in Metern

e) Begründe, dass die Funktionsgleichung $g(x) = -0,008 \cdot (x - 50)^2 + 20$ geeignet ist, um den Brückenbogen zu beschreiben.

f) Justus legt den Ursprung des Koordinatensystems in den Scheitelpunkt der Parabel. Gib die veränderten Werte für e und f an. Wie verändert sich der Wert für d?

Aufgabe 2: Kaffee

Kaffee ist das Lieblingsgetränk in Deutschland. Im Durchschnitt trinkt jede Person etwa 165 Liter Kaffee im Jahr, davon 5 % aus Pappbechern.

a) Berechne, wie viele Liter Kaffee jede Person durchschnittlich im Jahr aus Pappbechern trinkt.

Pro Jahr benutzt jede Person durchschnittlich ca. 34 Pappbecher. In Deutschland leben derzeit ca. 82 Millionen Menschen. Karin behauptet: „Jede Stunde werden in Deutschland ungefähr 320 000 Pappbecher in den Müll geworfen."

b) Hat Karin recht? Begründe.

Die obere Öffnung eines handelsüblichen Pappbechers hat einen Durchmesser von 7 cm.

c) Der Boden einer Sporthalle mit 27 m Breite und 45 m Länge reicht nicht aus, um 320 000 Pappbecher so wie in Abbildung 1 nebeneinander aufzustellen. Bestätige dies durch eine Rechnung.

Abbildung 1: Pappbecher nebeneinander aufgestellt

Ein Pappbecher hat die Form eines Kegelstumpfes (Abbildung 2).
Das Volumen des Kegelstumpfes lässt sich mit der folgenden Formel
berechnen:

$$V = (r_1^2 + r_1 \cdot r_2 + r_2^2) \cdot \frac{\pi \cdot h}{3}$$

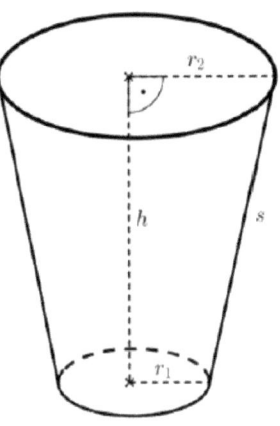

d) Der Pappbecher hat folgende Maße:
   $r_1 = 3$ cm, $r_2 = 3,5$ cm und $h = 8,5$ cm.
   Bestätige mithilfe der angegebenen Formel, dass das Volumen eines
   solchen Bechers ca. 280 ml beträgt.

Abbildung 2: Kegelstumpf

e) Karin berechnet das Volumen näherungsweise mit der Formel für den Zylinder. Als Radius nimmt sie
   den Mittelwert der beiden Radien des Kegelstumpfes, die Höhe bleibt gleich.
   Karin behauptet: „Das Ergebnis weicht um weniger als 1 % vom Ergebnis des Kegelstumpf-
   volumens ab." Hat sie recht? Begründe deine Antwort mit einer Rechnung.

Karin misst die Temperatur des Kaffees zu
verschiedenen Zeiten. Sie stellt die Messwerte
graphisch dar (Abbildung 3).
Der abgebildete Graph stellt eine gute Näherung
für den Abkühlungsprozess dar.

f) Entscheide, welche Funktionsgleichung zu dem
   Graphen gehört. Begründe deine Entscheidung.

   (i) $T_1(t) = 80 \cdot 0,94^t$

   (ii) $T_2(t) = 0,94^t + 80$

   (iii) $T_3(t) = 80 \cdot 1,8^t$

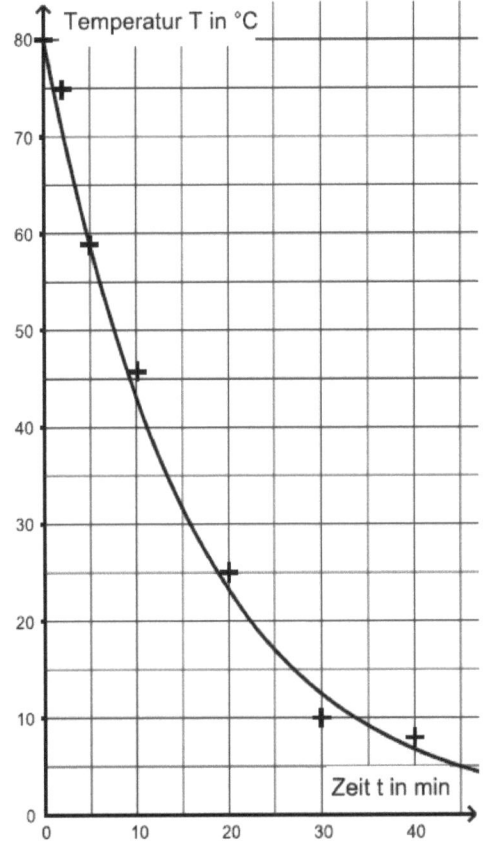

Abbildung 3: Temperatur des Kaffees
zu verschiedenen Zeiten

Aufgabe 3: Sierpinski-Dreiecke

Die Sierpinski-Dreiecke entstehen folgendermaßen (Abbildung 1):

- Das Ausgangsdreieck ist ein gleichseitiges Dreieck (Figur 0).
- Die Mittelpunkte der Dreiecksseiten werden miteinander verbunden. Es entstehen vier kleine gleichseitige Dreiecke. Das mittlere Dreieck wird weiß gefärbt (Figur 1).
- Dieser Vorgang wird für alle schwarzen Dreiecke wiederholt (Figur 2, 3, 4, …).

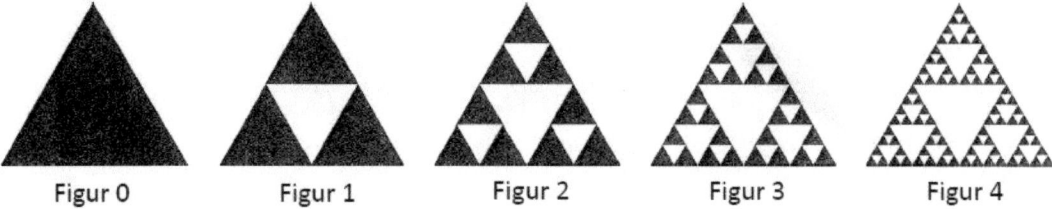

| Figur 0 | Figur 1 | Figur 2 | Figur 3 | Figur 4 |

Abbildung 1: Sierpinski-Dreiecke, Figur 0 bis Figur 4

Jede Seitenlänge des Dreiecks in Figur 0 beträgt 10 cm.

a) Bestätige durch eine Rechnung, dass der Flächeninhalt des Dreiecks in Figur 0 A_0 = 43,3 cm² beträgt (Abbildung 2).

b) Begründe den folgenden Zusammenhang anhand der Abbildung 1:

Der Flächeninhalt aller schwarzen Dreiecke einer neuen Figur

beträgt $\frac{3}{4}$ der Fläche der schwarzen Dreiecke der vorherigen Figur.

Abbildung 2: Dreieck zu Figur 0

c) Der Flächeninhalt A_n aller schwarzen Dreiecke in Figur n kann mit folgendem Term berechnet werden:

$43,3 \cdot 0,75^n$ (in cm²).

Bei welcher Figur n beträgt der Flächeninhalt aller schwarzen Dreiecke zum ersten Mal weniger als 4 cm²? Notiere dein Vorgehen.

Vera berechnet mit einer Tabellenkalkulation die Flächeninhalte der schwarzen Dreiecke.

	A	B	C	D	E
1	Figur	Anzahl der schwarzen Dreiecke	Fläche eines schwarzen Dreiecks [cm²]	Fläche aller schwarzen Dreiecke [cm²]	Anteil an der Gesamtfläche
2	0	1	43,300	43,300	1,000
3	1	3	10,825	32,475	0,750
4	2	9	2,706	24,356	0,563
5	3	27	0,677	18,267	
6	4	81	0,169	13,700	0,316
7	5	243	0,042	10,275	0,237
8	6	729	0,011	7,706	0,178

d) Berechne den fehlenden Wert in Zelle E5. Runde auf drei Nachkommastellen.

e) Betrachte die Zelle D3. Gib eine Formel an, mit der sich der Wert in dieser Zelle berechnen lässt.

f) Die Summe der Flächeninhalte der schwarzen und der weißen Dreiecke ergibt in jeder Figur zusammen 43,3 cm².

Wie entwickeln sich die Flächeninhalte der schwarzen und der weißen Flächen, wenn man die Figuren immer weiter fortsetzt? Beschreibe.

Lösungen:

Prüfungsteil I

Aufgaben 1 bis 5

Auf-gabe	Kriterien	Beispiellösung	Punkte
	Der Prüfling ...		
1a)	ordnet die Zahlen der Größe nach.	$-0,7 < -\dfrac{1}{7} < \dfrac{7}{100} < 0,17$	2
1b)	wählt einen geeigneten Ansatz und vergleicht beide Werte.	$\dfrac{25}{30} = 83,3\ \%$; Miriam hat nicht recht, da 83 % mehr sind als 65 %.	1 1
	wählt einen anderen Lösungsweg, der sachlich richtig ist. (2)		
2a)	gibt die Wahrscheinlichkeit an.	$P = \dfrac{1}{8}$	2
	wählt einen anderen Lösungsweg, der sachlich richtig ist. (2)		
2b)	bestimmt die Wahrscheinlichkeit.	$P = \dfrac{8}{16} + \dfrac{6}{16} = \dfrac{14}{16} = \dfrac{7}{8}$	2
	wählt einen anderen Lösungsweg, der sachlich richtig ist. (2)		
3a)	wählt einen geeigneten Ansatz und berechnet die Oberfläche.	$O = 4 \cdot \pi \cdot r^2$ $= 4 \cdot \pi \cdot 6^2 = 452,389 \ldots \approx 452\ [\text{cm}^2]$	2
	wählt einen anderen Lösungsweg, der sachlich richtig ist. (2)		
3b)	trifft eine begründete Entscheidung.	Sina hat nicht recht. Wenn der Radius verdoppelt wird, z. B. von 6 cm auf 12 cm, dann vervierfacht sich die Oberfläche.	2
	wählt einen anderen Lösungsweg, der sachlich richtig ist. (2)		
4)	wählt ein geeignetes Lösungsverfahren und löst das LGS.	Lösen mit dem Additionsverfahren I $3x + 4y = 22$ II $5x - 4y = -6$ I+II $8x = 16 \mid : 8$ $x = 2$ in I einsetzen: $3 \cdot 2 + 4y = 22$ $y = 4$	1 1 1
	wählt einen anderen Lösungsweg, der sachlich richtig ist. (3)		
5a)	gibt den Wert für b an.	$b = 3$	1

5b	zeichnet den Graphen.	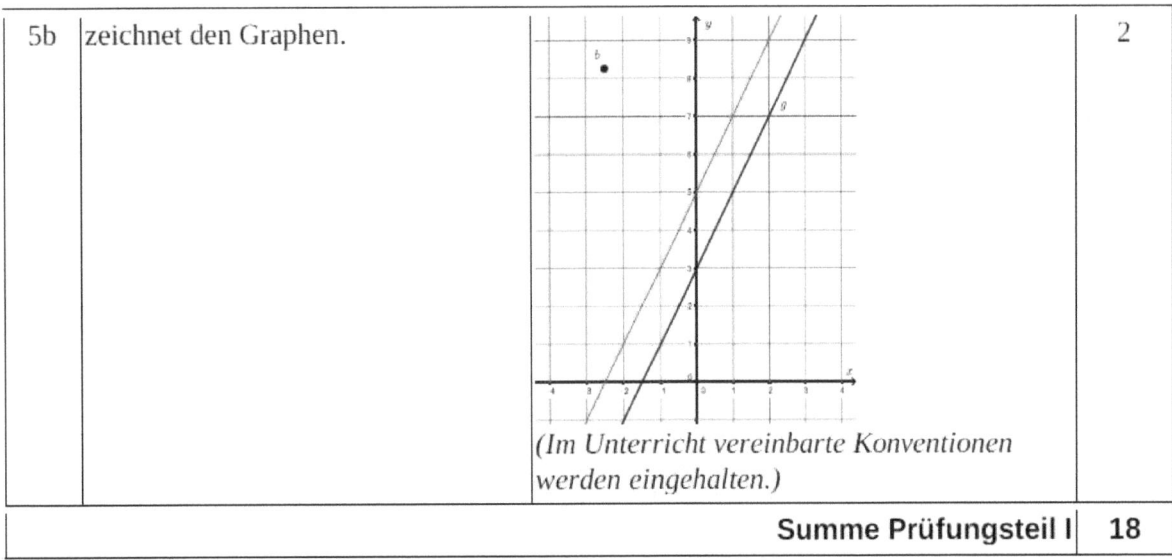	2
		(Im Unterricht vereinbarte Konventionen werden eingehalten.)	
		Summe Prüfungsteil I	**18**

Prüfungsteil II

Aufgabe II.1: Fuldatalbrücke

Auf-gabe	Kriterien	Beispiellösung	Punkte
	Der Prüfling ...		
a)	wählt einen geeigneten Ansatz und berechnet die Zeitspanne.	$t = \dfrac{s}{v}$	1
		$t = \dfrac{2,4}{4} = 0,6 \ [h]$	2
		$0,6 \cdot 60 = 36 \ [min]$	
		Die beiden kommen nach 36 Minuten am Bahnhof an.	
	wählt einen anderen Lösungsweg, der sachlich richtig ist. (3)		
b)	entscheidet sich begründet für den richtigen Abschnitt.	Auf der Teilstrecke Gießen-Marburg ist der Zug am schnellsten.	1
		Die Geschwindigkeit entspricht der Steigung, die dort am größten ist.	2
	wählt einen anderen Lösungsweg, der sachlich richtig ist. (3)		
c)	zeichnet den Verlauf der Zugfahrt für den Güterzug ein.		2

	entnimmt der Grafik den Strecken-abschnitt, auf dem sich die Züge begegnen, und gibt die ungefähre Uhrzeit an.	Die Züge begegnen sich zwischen Marburg und Treysa gegen 9:20 Uhr.	2
	wählt einen anderen Lösungsweg, der sachlich richtig ist. (4)		

d)	wählt einen geeigneten Ansatz und berechnet die Länge der Strecke u.	In dem rechtwinkligen Dreieck gilt: $$\sin 7{,}1° = \frac{u}{1435}$$ $$u = 177{,}368 \ldots \approx 17{,}7 \ [\text{cm}]$$	2
	interpretiert das Ergebnis.	Max hat mit seiner Aussage recht, der Höhen-unterschied beträgt ca. 17,7 cm.	1
	wählt einen anderen Lösungsweg, der sachlich richtig ist. (3)		
e)	begründet, dass die Funktionsglei-chung geeignet ist.	Der Scheitelpunkt der Parabel liegt bei (50/20). Daraus ergibt sich: $f(x) = d \cdot (x - 50)^2 + 20$; für d ergibt sich: $f(0) = 0$, also $d = -\frac{20}{50^2} \approx -0{,}008$ *(Eine Begründung durch Punktproben ist eben-falls zu akzeptieren.)*	2 1
	wählt einen anderen Lösungsweg, der sachlich richtig ist. (3)		
f)	beschreibt die Veränderung der Parameter.	Liegt der Scheitelpunkt im Ursprung, so sind die beiden Parameter $e = 0$ und $f = 0$. Der Streckungsfaktor d bleibt erhalten, da die Parabel nur verschoben wird.	2 1
	wählt einen anderen Lösungsweg, der sachlich richtig ist. (3)		
	Summe Aufgabe II.1		**19**

Aufgabe II.2: Kaffee

Auf-gabe	Kriterien	Beispiellösung	Punkte
	Der Prüfling …		
a)	berechnet den Prozentwert.	$165 : 100 \cdot 5 = 8{,}25$ Jeder Bundesbürger trinkt durchschnittlich 8,25 l Kaffee aus Pappbechern.	2
	wählt einen anderen Lösungsweg, der sachlich richtig ist. (2)		
b)	wählt einen geeigneten Ansatz und bestätigt den Wert durch eine Rechnung.	$34 \cdot 82\,000\,000 : 365 : 24 = 318\,264{,}\ldots$ $\approx 320\,000$ Karin hat recht.	1 1
	wählt einen anderen Lösungsweg, der sachlich richtig ist. (2)		
c)	erfasst die geometrische Situation.	Länge Sporthalle: 45 m = 4500 cm, Breite Sporthalle: 27 m = 2700 cm Durchmesser eines Bechers: 7 cm	1
	berechnet die Anzahl der Becher.	Anzahl der Becher in der Länge: $4500 : 7 = 642$ Anzahl der Becher in der Breite: $2700 : 7 = 385$ Anzahl der Becher auf der Fläche: $642 \cdot 385 = 247\,170$	2
	interpretiert das Ergebnis.	$247\,170 < 320\,000$ Der Boden reicht nicht aus.	1
	wählt einen anderen Lösungsweg, der sachlich richtig ist. (4)		
d)	berechnet das Volumen mithilfe der Formel.	$V = (3{,}5^2 + 3 \cdot 3{,}5 + 3^2) \cdot \frac{\pi \cdot 8{,}5}{3}$ $= 282{,}612\ldots\,[\text{cm}^3]$	2
	rundet sinnvoll und wandelt die Einheit um.	$282{,}612\ldots\,[\text{cm}^3] \approx 280\,[\text{ml}]$	1
	wählt einen anderen Lösungsweg, der sachlich richtig ist. (3)		
e)	wählt einen geeigneten Ansatz und berechnet das Volumen des Zylinders.	$(3{,}5 + 3) : 2 = 3{,}25\,[\text{cm}]$ $V = \pi \cdot r^2 \cdot h$ $V = \pi \cdot (3{,}25)^2 \cdot 8{,}5 = 282{,}056\ldots\,[\text{cm}^3]$	1 1
	bestimmt die prozentuale Abweichung und beurteilt das Ergebnis.	$\frac{282{,}056}{282{,}612} = 0{,}99803$ Die Abweichung beträgt weniger als 1 %. Karin hat recht. *(Die Berechnung mit dem angegebenen Wert 280 ml ist ebenfalls zu akzeptieren.)*	1 1
	wählt einen anderen Lösungsweg, der sachlich richtig ist. (4)		
f)	wählt die richtige Funktionsgleichung.	(i)	1
	begründet seine Entscheidung.	Dargestellt ist eine Exponentialfunktion. Der Startwert ist 80 und der Wachstumsfaktor ist kleiner als 1.	2
	wählt einen anderen Lösungsweg, der sachlich richtig ist. (3)		
		Summe Aufgabe II.2	**18**

Aufgabe II.3: Sierpinski-Dreiecke

Auf-gabe	Kriterien Der Prüfling ...	Beispiellösung	Punkte
a)	wählt einen geeigneten Ansatz.	$A_0 = \frac{1}{2} \cdot 10 \cdot h$	1
		Durch die Höhe h entsteht ein rechtwinkliges Dreieck, in dem gilt: $h^2 = 10^2 - 5^2$	1
	bestätigt die Größe des Flächeninhalts durch eine Rechnung.	$h = 8{,}660 \ldots$ cm	1
		$A_0 = \frac{1}{2} \cdot 10 \cdot 8{,}660 \ldots = 43{,}301 \ldots$ $\approx 43{,}3 \ [\text{cm}^2]$	1
	wählt einen anderen Lösungsweg, der sachlich richtig ist. (4)		
b)	begründet, dass der Flächeninhalt der schwarzen Fläche in jeder Figur auf $\frac{3}{4}$ abnimmt.	Die Figur 0 ist vollständig schwarz. In Figur 1 sind 3 von 4 gleich großen Dreiecken schwarz.	1
		Mit jeder weiteren Figur wird jedes schwarze Dreieck ebenso aufgeteilt.	1
	wählt einen anderen Lösungsweg, der sachlich richtig ist. (2)		
c)	wählt einen geeigneten Ansatz und bestimmt die gesuchte Figur.	gesucht ist n, so dass gilt: $A_n < 4 \ \text{cm}^2$ Lösen durch systematisches Probieren: $n = 10$ ergibt 2,44 cm² $n = 7$ ergibt 5,78 cm² $n = 8$ ergibt 4,33 cm² $n = 9$ ergibt 3,25 cm²	3
		Der Flächeninhalt fällt in Figur 9 zum ersten Mal unter 4 cm².	1
d)	berechnet den fehlenden Wert und rundet auf drei Nachkommastellen.	$18{,}267 : 43{,}3 = 0{,}421870 \ldots \approx 0{,}422$	2
	wählt einen anderen Lösungsweg, der sachlich richtig ist. (2)		
e)	gibt eine geeignete Formel an.	=B3*C3 *(Akzeptiert werden Formeln mit geeigneten Zellbezügen und einer angemessenen Termstruktur.)*	2
	wählt einen anderen Lösungsweg, der sachlich richtig ist. (2)		
f)	beschreibt die Entwicklung.	z. B.: „Der Flächeninhalt der schwarzen Dreiecke nimmt ab, tendiert gegen 0, wird aber nie einen Flächeninhalt von 0 aufweisen. Der der weißen Dreiecke nimmt weiter zu, wird aber nie zur kompletten Flächendeckung von hier 43,3 cm² führen."	3
	wählt einen anderen Lösungsweg, der sachlich richtig ist. (3)		
	Summe Aufgabe II.3		**17**

Umgang mit Maßeinheiten

Der Prüfling gibt bei Ergebnissen angemessene Maßeinheiten an:

☐ nie (0 Punkte)

☐ selten (1 Punkt)

☐ oft (2 Punkte)

☐ immer (3 Punkte)

Darstellungsleistung

Der Prüfling stellt seine Bearbeitung nachvollziehbar und formal angemessen dar und arbeitet bei erforderlichen Zeichnungen hinreichend genau:

☐ nie (0 Punkte)

☐ selten (2 Punkte)

☐ oft (4 Punkte)

☐ immer (6 Punkte)

Übersicht über die Punkteverteilung		
Prüfungsteil I	Aufgaben 1 bis 5	18
Prüfungsteil II	Aufgabe 1	19
	Aufgabe 2	18
	Aufgabe 3	17
Umgang mit Maßeinheiten		3
Darstellungsleistung		6
Gesamtpunktzahl		81

Notentabelle	
Punkte	Note
70 – 81	sehr gut
59 – 69	gut
48 – 58	befriedigend
36 – 47	ausreichend
15 – 35	mangelhaft
0 – 14	ungenügend

Prüfungsteil I

Aufgaben 1 bis 5

Auf-gabe	Anforderungen	maximal erreichbare Punktzahl	Lösungsqualität		
			EK[1] Punktzahl	ZK[1] Punktzahl	DK[1] Punktzahl
	Der Prüfling ...				
1a)	ordnet die Zahlen ...	2			
1b)	wählt einen geeigneten ...	2			
	wählt einen anderen ...	(2)			
2a)	gibt die Wahrscheinlichkeit ...	2			
	wählt einen anderen ...	(2)			
2b)	bestimmt die Wahrscheinlichkeit.	2			
	wählt einen anderen ...	(2)			
3a)	wählt einen geeigneten ...	2			
	wählt einen anderen ...	(2)			
3b)	trifft eine begründete ...	2			
	wählt einen anderen ...	(2)			
4	wählt ein geeignetes ...	3			
	wählt einen anderen ...	(3)			
5a)	gibt den Wert ...	1			
5b)	zeichnet den Graphen.	2			
	Summe Prüfungsteil I	18			

[1] EK = Erstkorrektur; ZK = Zweitkorrektur; DK = Drittkorrektur

Prüfungsteil II

Aufgabe II.1: Fuldatalbrücke

Auf-gabe	Anforderungen	maximal erreichbare Punktzahl	Lösungsqualität		
			EK Punktzahl	ZK Punktzahl	DK Punktzahl
	Der Prüfling ...				
a)	wählt einen geeigneten ...	3			
	wählt einen anderen ...	(3)			
b)	entscheidet sich begründet ...	3			
	wählt einen anderen ...	(3)			
c)	zeichnet den Verlauf ...	2			
	entnimmt der Grafik ...	2			
	wählt einen anderen ...	(4)			
d)	wählt einen geeigneten ...	2			
	interpretiert das Ergebnis ...	1			
	wählt einen anderen ...	(3)			
e)	begründet, dass die ...	3			
	wählt einen anderen ...	(3)			
f)	beschreibt die Veränderung ...	3			
	wählt einen anderen ...	(3)			
	Summe Aufgabe II.1	19			

Aufgabe II.2: Kaffee

Auf-gabe	Anforderungen	maximal erreichbare Punktzahl	Lösungsqualität		
			EK Punktzahl	ZK Punktzahl	DK Punktzahl
	Der Prüfling ...				
a)	berechnet den Prozentwert.	2			
	wählt einen anderen ...	(2)			
b)	wählt einen geeigneten ...	2			
	wählt einen anderen ...	(2)			
c)	erfasst die geometrische ...	1			
	berechnet die Anzahl ...	2			
	interpretiert das Ergebnis ...	1			
	wählt einen anderen ...	(4)			
d)	berechnet das Volumen ...	2			
	rundet sinnvoll und ...	1			
	wählt einen anderen ...	(3)			
e)	wählt einen geeigneten ...	2			
	bestimmt die prozentuale ...	2			
	wählt einen anderen ...	(4)			
f)	wählt die richtige ...	1			
	begründet seine Entscheidung ...	2			
	wählt einen anderen ...	(3)			
	Summe Aufgabe II.2	18			

Aufgabe II.3: Sierpinski-Dreiecke

Auf-gabe	Anforderungen	maximal erreichbare Punktzahl	EK Punktzahl	ZK Punktzahl	DK Punktzahl
			Lösungsqualität		
	Der Prüfling …				
a)	wählt einen geeigneten …	2			
	bestätigt die Größe …	2			
	wählt einen anderen …	(4)			
b)	begründet, dass der …	2			
	wählt einen anderen …	(2)			
c)	wählt einen geeigneten …	4			
	wählt einen anderen …	(4)			
d)	berechnet den fehlenden …	2			
	wählt einen anderen …	(2)			
e)	gibt eine geeignete …	2			
	wählt einen anderen …	(2)			
f)	beschreibt die Entwicklung.	3			
	wählt einen anderen …	(3)			
	Summe Aufgabe II.3	17			

	maximal erreichbare Punktzahl	EK Punktzahl	ZK Punktzahl	DK Punktzahl
Umgang mit Maßeinheiten	3			
Darstellungsleistung	6			

Festsetzung der Note

	maximal erreichbare Punktzahl	EK Punktzahl	ZK Punktzahl	DK Punktzahl
Prüfungsteil I:				
Aufgaben 1 bis 5	18			
Prüfungsteil II:				
Aufgabe 1	19			
Aufgabe 2	18			
Aufgabe 3	17			
Umgang mit Maßeinheiten	3			
Darstellungsleistung	6			
Gesamtpunktzahl	81			

16 Test -2019:

Zentrale Prüfungen 2019 – Mathematik

Anforderungen für den Mittleren Schulabschluss (MSA)

Prüfungsteil I

Aufgabe 1

Ordne die Zahlen der Größe nach. Beginne mit der kleinsten Zahl.

$\frac{6}{10}$ $-0{,}626$ $-6{,}26$ $\frac{1}{6}$

Aufgabe 2

Ein Rechteck hat die Seitenlängen $a = 5$ cm und $b = 3$ cm.

a) Berechne die Länge der Diagonalen d.

b) Wie verändert sich der Flächeninhalt dieses Rechtecks, wenn man
jede Seitenlänge verdoppelt? Begründe.

c) Ein anderes Rechteck hat einen Flächeninhalt von 24 cm².
Wie lang könnten die Seiten sein? Gib zwei unterschiedliche Möglichkeiten an.

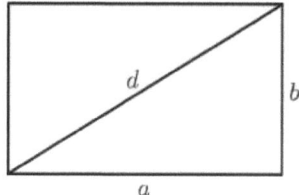

Aufgabe 3

Isabelle zeichnet mit einer Geometriesoftware den

Graphen f einer quadratischen Funktion mit:

$f(x) = x^2 + c$. Sie erstellt einen Schieberegler,

mit dem sie den Wert für c verändern kann.

a) Der Schieberegler zeigt den Wert für c nicht an.
Gib den Wert für c an.

b) Für welche Werte von c verläuft der Graph f
vollständig oberhalb der x-Achse?
Gib den Bereich für c an.

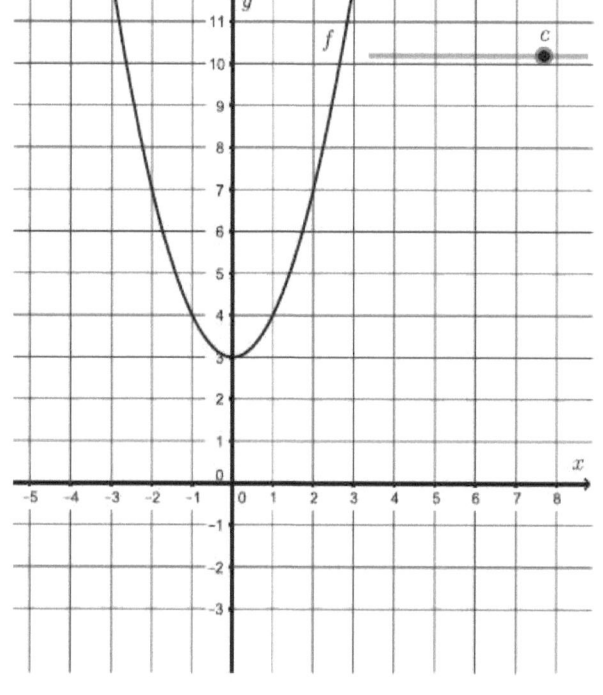

Aufgabe 4

Tarek plant Urlaub in einer Jugendherberge. Mit einer Tabellenkalkulation berechnet er die Kosten für die Jugendherberge.

	A	B	C
1	**Kosten für die Jugendherberge**		
2	Anzahl der Nächte	7	
3			
4		Preis pro Nacht in €	Preis für 7 Nächte in €
5	Übernachtung	18,00	126,00
6	Frühstück	4,00	28,00
7	Abendessen	6,00	42,00
8	Tourismussteuer (5 % vom Übernachtungspreis)	0,90	6,30
9			
10	Gesamtkosten in €		202,30

Abbildung: Tabellenblatt zur Berechnung der Kosten für die Jugendherberge

a) Kreuze jeweils an, ob die Formel in diesem Zusammenhang geeignet ist, den Wert in Zelle C8 zu berechnen.

Formel	geeignet	nicht geeignet
=B5/3	❑	❑
=B8*B2	❑	❑
=C10-(C5+C6+C7)	❑	❑

b) Tarek möchte Geld sparen und deshalb kein Abendessen buchen. Berechne, wie viel Prozent von den Gesamtkosten er dann spart.

Aufgabe 5

Löse das lineare Gleichungssystem. Notiere deinen Lösungsweg.

I $\quad 4x + y = 16$

II $\quad -2x - 2y = 4$

Prüfungsteil II

Aufgabe 1: Kaugummiautomat

Steffi hat zum Geburtstag einen Kaugummiautomaten und eine Tüte mit Kaugummikugeln bekommen (Abbildung 1).

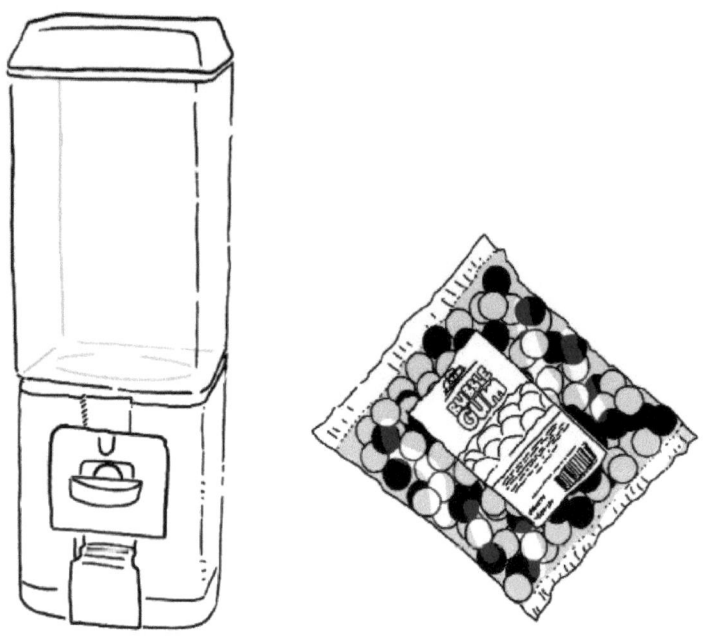

Abbildung 1: Kaugummiautomat und Tüte mit Kaugummikugeln

a) Eine Kaugummikugel hat einen Durchmesser von 14 mm.

   Bestätige durch eine Rechnung, dass das Volumen einer Kaugummikugel ca. 1,44 cm³ beträgt.

b) 1 cm³ Kaugummimasse wiegt 0,82 g.

   Berechne, wie viele Kaugummikugeln in einer 300-Gramm-Packung sind.

c) Der Behälter für die Kaugummikugeln ist 16,5 cm breit, 16,5 cm tief und 42,5 cm hoch.

   Steffi möchte wissen, wie viele Kaugummikugeln in den Behälter passen und rechnet

   $(16,5 \cdot 16,5 \cdot 42,5) : 1,44 \approx 8\,035$.

   Erkläre Steffis Rechnung und beurteile, ob Steffis Rechnung geeignet ist, die Anzahl der Kaugummikugeln in der Realität zu berechnen.

Steffi füllt eine Mischung aus 8 roten und 12 weißen Kaugummikugeln in den Automaten. Durch Drehen am Automaten erhält man zufällig eine rote oder eine weiße Kaugummikugel.

d) Begründe, dass die Wahrscheinlichkeit, beim ersten Drehen eine rote Kaugummikugel zu erhalten, $\frac{2}{5}$ beträgt.

e) Das Baumdiagramm (Abbildung 2) zeigt die Wahrscheinlichkeiten, beim ersten und zweiten Drehen eine rote oder weiße Kaugummikugel zu erhalten.
Ergänze die fehlenden Einträge im Baumdiagramm.

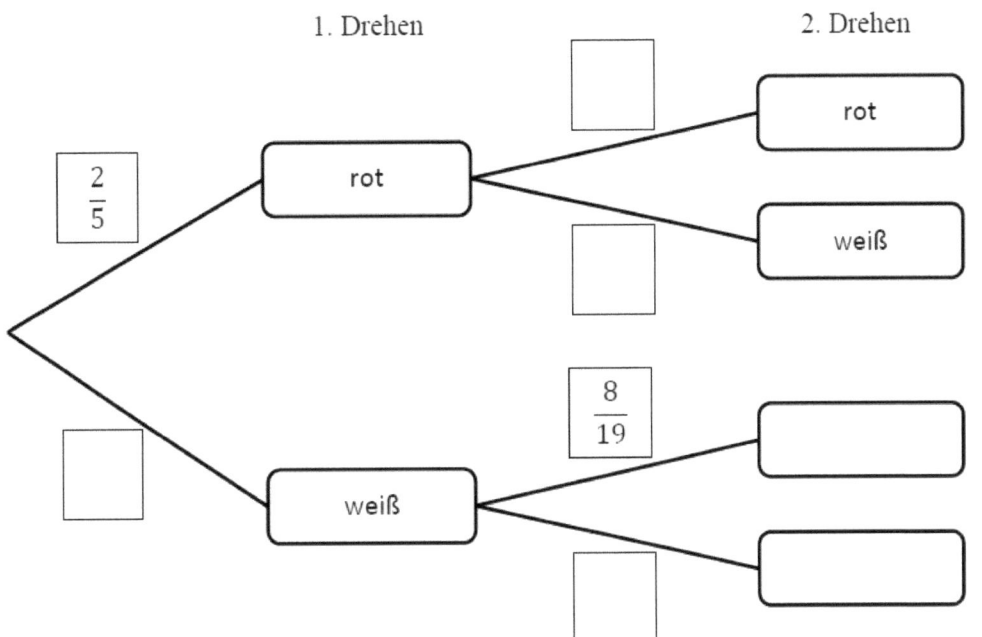

Abbildung 2: Baumdiagramm für zweimaliges Drehen

f) Steffis Bruder behauptet: „Die Wahrscheinlichkeit, zwei verschiedenfarbige Kaugummikugeln zu erhalten, ist kleiner als 50 %."
Hat er recht? Überprüfe mit einer Rechnung.

Aufgabe 2: Schwimmbecken

Familie Sommer hat ein Schwimmbecken gekauft
(Abbildung 1).

Das Schwimmbecken ist 1,50 m hoch und hat ein
Volumen von 14,43 m³.

a) Bestätige durch eine Rechnung, dass der
   Flächeninhalt der Grundfläche des
   Schwimmbeckens 9,62 m² beträgt.

Abbildung 1: Schwimmbecken

b) Das Becken wird bis 20 cm unterhalb des Randes
   mit Wasser gefüllt.
   Berechne, wie viele Liter Wasser in das
   Becken gefüllt werden.

c) Das Becken steht auf einer quadratischen
   Terrasse, die an zwei Seiten jeweils 80 cm
   übersteht (Abbildung 2).
   Bestimme rechnerisch die Maße der Terrasse.

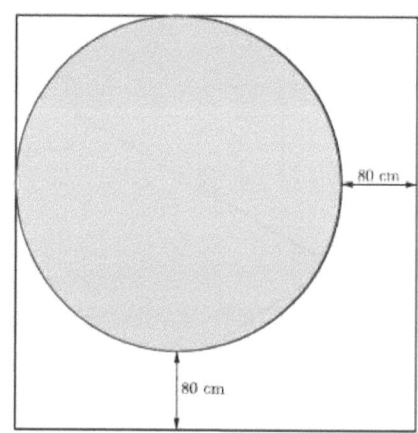

Abbildung 2: Skizze des Schwimmbeckens
auf der Terrasse

Familie Sommer fährt in den Urlaub. In dieser Zeit wachsen Algen auf der Wasseroberfläche des
Schwimmbeckens. Am Tag der Abreise bedecken die Algen schon ca. 0,5 m² der Wasseroberfläche
und vermehren sich täglich um 20 %. Das Wachstum der Algen auf der Wasseroberfläche kann mit
der folgenden Exponentialfunktion f beschrieben werden:

$$f(x) = 0,5 \cdot 1,2^x \quad x \text{ ist die Zeit in Tagen; } x = 0 \text{ ist der Tag der Abreise}$$

d) Erläutere die Bedeutung der Werte 0,5 und 1,2 sowie die Bedeutung von $f(x)$ im Zusammenhang mit dem Wachstum der Algen.

e) Berechne, wie viele Quadratmeter der Wasseroberfläche nach 6 Tagen bedeckt sind.

f) Das Algenwachstum lässt sich mit der Funktionsgleichung nur für einen begrenzten Zeitraum
   darstellen.
   Erkläre, warum dies so ist.

Aufgabe 3: Würfel

Monya und Paul haben eine Kiste mit 500 gleichen Würfeln. Mit 3 Würfeln legen sie Figur 1 und erweitern diese Figur schrittweise (Abbildung 1).

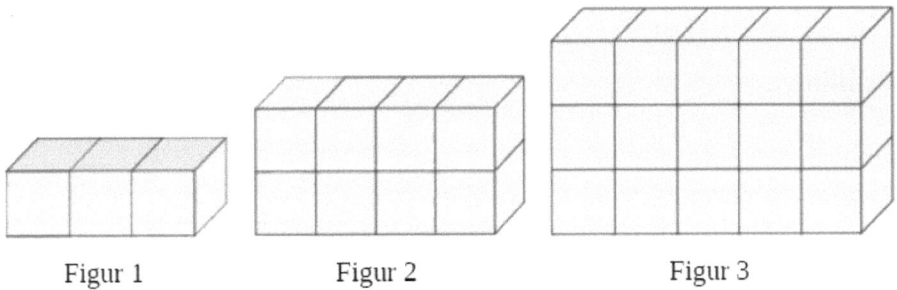

Figur 1   Figur 2   Figur 3

Abbildung 1: Würfelfiguren

a) Wie viele Würfel benötigt man für Figur 4? Ergänze den Wert in der Tabelle.

Figur	1	2	3	4
Anzahl der Würfel	3	8	15	

Die Anzahl der Würfel für Figur n kann mit folgendem Term berechnet werden:

$$(I) \quad n \cdot (n + 2)$$

b) Bestimme mithilfe des Terms die Anzahl der Würfel für Figur 8.

c) Begründe anhand der Figuren in Abbildung 1, dass mit dem Term die Anzahl der Würfel für jede beliebige Figur n berechnet wird.

d) Berechne mit dem Term, welche Figur n aus genau 224 Würfeln besteht.

e) Die Anzahl der Würfel für Figur n kann mit den beiden Termen berechnet werden:

$$(I) \quad n \cdot (n + 2) \qquad (II) \quad (n + 1)^2 - 1$$

Zeige durch Termumformungen, dass die Terme (I) und (II) gleichwertig sind.

f) Bestimme die größtmögliche Figur n, die Monya und Paul mit 500 Würfeln legen können und gib an, wie viele Würfel zum Legen der nächsten Figur fehlen.

Lösungen:

Prüfungsteil I

Aufgaben 1 bis 5

Auf-gabe	Kriterien	Beispiellösung	Punkte
	Der Prüfling ...		
1)	ordnet die Zahlen der Größe nach.	$-6{,}26 < -0{,}626 < \frac{1}{6} < \frac{6}{10}$	2
2a)	wählt einen geeigneten Ansatz und berechnet die Länge der Diagonalen d.	Durch die Diagonale entsteht ein rechtwinkliges Dreieck, in dem gilt: $5^2 + 3^2 = d^2$ $d = 5{,}830 \ldots [\text{cm}]$ Die Diagonale ist ca. 5,8 cm lang.	2
	wählt einen anderen Lösungsweg, der sachlich richtig ist. (2)		
2b)	begründet die Veränderung des Flächeninhalts an dem Beispiel.	$5\,\text{cm} \cdot 3\,\text{cm} = 15\,\text{cm}^2$ $10\,\text{cm} \cdot 6\,\text{cm} = 60\,\text{cm}^2$ $15\,\text{cm}^2 \cdot 4 = 60\,\text{cm}^2$ Verdoppelt man beide Seiten, dann vervierfacht sich der Flächeninhalt.	2
	wählt einen anderen Lösungsweg, der sachlich richtig ist. (2)		
2c)	gibt die Seitenlängen zweier Rechtecke an.	2 cm und 12 cm 6 cm und 4 cm	2
	wählt einen anderen Lösungsweg, der sachlich richtig ist. (2)		
3a)	gibt den Wert für c an.	$c = 3$	1
3b)	gibt den entsprechenden Bereich für c an.	Für Werte $c > 0$ verläuft der Graph vollständig oberhalb der x-Achse.	2

Auf-gabe	Kriterien	Beispiellösung	Punkte
4a)	entscheidet, ob die Formeln in diesem Zusammenhang geeignet bzw. nicht geeignet sind.	(siehe Tabelle)	2

Formel	geeignet	nicht geeignet
=B5/3		X
=B8*B2	X	
=C10-(C5+C6+C7)		X

(Bei zwei richtigen Entscheidungen gibt es einen Punkt.)

4b)	wählt einen geeigneten Ansatz und berechnet die Ersparnis in Prozent.	$p\% = \dfrac{W}{G}$; $G = 202{,}30\,€$; $W = 42\,€$ $p\% = 42 : 202{,}30 = 0{,}207\ldots$ $p \approx 21\,\%$ Tarek spart 21 %, wenn er kein Abendessen bucht.	2
	wählt einen anderen Lösungsweg, der sachlich richtig ist. (2)		
5)	wählt ein geeignetes Verfahren und löst das Gleichungssystem.	Lösen mit dem Additionsverfahren I $4x + y = 16$ II $-2x - 2y = 4$ | $\cdot 2$ I $4x + y = 16$ II $-4x - 4y = 8$ I+II $-3y = 24$ | $: (-3)$ $\qquad y = -8$ in I einsetzen: $4x + (-8) = 16$ $\qquad\qquad x = 6$	3
	wählt einen anderen Lösungsweg, der sachlich richtig ist. (3)		
		Summe Prüfungsteil I	**18**

Prüfungsteil II

Aufgabe II.1: Kaugummiautomat

Auf-gabe	Kriterien	Beispiellösung	Punkte
	Der Prüfling …		
a)	entnimmt die relevanten Informationen, wählt einen geeigneten Ansatz und bestätigt das Volumen einer Kaugummikugel.	$V = \dfrac{4}{3}\pi \cdot r^3$ und $d = 14\,\text{mm} \Rightarrow r = 7\,\text{mm}$ $V = \dfrac{4}{3} \cdot \pi \cdot 7^3 = 1436,\ldots\ [\text{mm}^3]$ $1436,\ldots\ \text{mm}^3 = 1{,}436\ldots\text{cm}^3 \approx 1{,}44\ \text{cm}^3$	2 1
	wählt einen anderen Lösungsweg, der sachlich richtig ist. (3)		
b)	wählt einen geeigneten Ansatz und berechnet die Anzahl der Kaugummikugeln in einer Packung.	Gewicht einer Kugel: $1{,}44\,\text{cm}^3 \cdot 0{,}82\,\text{g/cm}^3 = 1{,}1808\,\text{g}$ $300\,\text{g} : 1{,}1808\,\text{g} = 254{,}06\ldots \approx 254$ In einer Packung sind 254 Kugeln.	3
	wählt einen anderen Lösungsweg, der sachlich richtig ist. (3)		
c)	erklärt die Rechnung.	Steffi dividiert das Volumen des Behälters durch das Volumen einer Kaugummikugel.	2
	beurteilt die Eignung des mathematischen Modells.	Der Ansatz ist nicht geeignet, da die Kugeln nicht ohne Zwischenräume gepackt werden können. Es passen also weniger als 8035 Kugeln in den Behälter.	2
	wählt einen anderen Lösungsweg, der sachlich richtig ist. (4)		

d)	entnimmt die relevanten Informationen und begründet die angegebene Wahrscheinlichkeit.	8 von 20 Kugeln sind rot, damit ergibt sich die Wahrscheinlichkeit: $$P(\text{rot}) = \frac{8}{20} = \frac{2}{5}$$	2
	wählt einen anderen Lösungsweg, der sachlich richtig ist. (2)		
e)	bestimmt die Wahrscheinlichkeiten und ergänzt diese im Baumdiagramm.	*(Für jeweils zwei richtige Einträge gibt es einen Punkt.)*	3
f)	entnimmt die relevanten Informationen, wählt einen geeigneten Ansatz und berechnet die gesuchte Wahrscheinlichkeit.	$P(2 \text{ verschiedenfarbige})$ $$= \frac{4}{10} \cdot \frac{12}{19} + \frac{6}{10} \cdot \frac{8}{19} = \frac{48}{95}$$	3
	interpretiert die Lösung und beurteilt die Aussage.	$\frac{48}{95} > 0,5$ Er hat nicht recht, die Wahrscheinlichkeit ist knapp höher.	1
	wählt einen anderen Lösungsweg, der sachlich richtig ist. (4)		
		Summe Aufgabe II.1	19

Aufgabe II.2: Schwimmbecken

Auf-gabe	Kriterien	Beispiellösung	Punkte
a)	**Der Prüfling ...** entnimmt die relevanten Informationen und bestätigt durch eine Rechnung den gegebenen Flächeninhalt.	$14{,}43 \text{ m}^3 : 1{,}5 \text{ m} = 9{,}62 \text{ m}^2$	2
	wählt einen anderen Lösungsweg, der sachlich richtig ist. (2)		
b)	entnimmt die relevanten Informationen, wählt einen geeigneten Ansatz und berechnet das Volumen.	$V = G \cdot h$; $G = 9{,}62 \text{ m}^2$, $h = 1{,}30 \text{ m}$ $V = 9{,}62 \cdot 1{,}3 = 12{,}506 \text{ [m}^3\text{]}$	3
	gibt das Volumen in Litern an.	$12{,}506 \text{ m}^3 \approx 12\,500 \text{ l}$ Es werden ca. 12 500 Liter Wasser in das Becken gefüllt.	1
	wählt einen anderen Lösungsweg, der sachlich richtig ist. (4)		
c)	erfasst die geometrische Situation und berechnet den Durchmesser des Schwimmbeckens.	Gesucht ist der Durchmesser des Swimming-pools: $G = \pi \cdot r^2$; $G = 9{,}62 \text{ m}^2$ also: $r = 1{,}749\ldots$ also: $d = 2 \cdot 1{,}749 \ldots = 3{,}499 \ldots \approx 3{,}50 \text{ [m]}$	3
	berechnet die Maße der Terrasse.	$d + 0{,}8 \text{ m} = 3{,}50 \text{ m} + 0{,}8 \text{ m} = 4{,}30 \text{ m}$ Die Terrasse ist 4,30 m breit und 4,30 m lang.	1
	wählt einen anderen Lösungsweg, der sachlich richtig ist. (4)		
d)	erläutert die Bedeutung der drei Bestandteile der Funktionsgleichung im Sachzusammenhang.	0,5 ist der Startwert, die bedeckte Fläche der Wasseroberfläche zu Beobachtungsbeginn.	1
		1,2 ist der Wachstumsfaktor, da die Algen sich täglich um 20 % vermehren.	1
		$f(x)$ beschreibt die Größe der bedeckten Fläche nach x Tagen.	1
	wählt einen anderen Lösungsweg, der sachlich richtig ist. (3)		
e)	berechnet den gesuchten Wert.	$f(6) = 0{,}5 \cdot 1{,}2^6 = 1{,}492\ldots \approx 1{,}5 \text{ [m}^2\text{]}$ Nach 6 Tagen sind 1,5 m² mit Algen bedeckt.	2
	wählt einen anderen Lösungsweg, der sachlich richtig ist. (2)		
f)	erklärt, warum die Modellierung des Algenwachstums nur in einem begrenzten Zeitraum möglich ist.	Das Wachstum der Algen wird durch äußere Faktoren, wie hier z. B. durch die Größe des Schwimmbeckens, begrenzt. Die Exponentialfunktion hat jedoch keine Begrenzung, daher kann die Funktion nicht beliebig das Wachstum beschreiben.	3
	wählt einen anderen Lösungsweg, der sachlich richtig ist. (3)		
		Summe Aufgabe II.2	**18**

Aufgabe II.3: Würfel

Auf-gabe	Kriterien	Beispiellösung	Punkte
	Der Prüfling …		
a)	bestimmt die Anzahl der Würfel für Figur 4.	24 Würfel	2
b)	berechnet die Anzahl der Würfel.	$8 \cdot (8 + 2) = 80$	2
c)	begründet den Term anhand der Figuren.	Figur 1 ist 1 Würfel hoch, jede folgende Figur ist um je einen Würfel höher. Damit ist Figur n dann n Würfel hoch. Jede Figur ist um 2 Würfel breiter als hoch, also ist sie $n + 2$ Würfel breit. Da die Figuren ein Rechteck bilden, besteht Figur n insgesamt aus $n \cdot (n + 2)$ Würfeln.	3
	wählt einen anderen Lösungsweg, der sachlich richtig ist. (3)		
d)	wählt einen geeigneten Ansatz und berechnet zu der gegebenen Anzahl von Würfeln die zugehörige Figur.	$n(n + 2) = 224$ $$\Leftrightarrow \ n^2 + 2n - 224 = 0$$ $$\Rightarrow n = 14 \text{ und } n = -16$$ Da die Anzahl von Würfeln nur positiv sein kann, werden für Figur 14 insgesamt 224 Würfel benötigt.	3
	wählt einen anderen Lösungsweg, der sachlich richtig ist. (3)		
e)	zeigt durch Termumformungen, dass die Terme gleichwertig sind.	$(n + 1)^2 - 1 = n^2 + 2n + 1 - 1$ $$= n^2 + 2n$$ $$= n(n + 2)$$	3
	wählt einen anderen Lösungsweg, der sachlich richtig ist. (3)		
f)	wählt einen geeigneten Ansatz und bestimmt die letzte Figur, die gebaut werden kann.	Systematisches Probieren: $18 \cdot (18 + 2) = 360$ $20 \cdot (20 + 2) = 440$ $22 \cdot (22 + 2) = 528$ $21 \cdot (21 + 2) = 483$ Figur 21 ist die größtmögliche Figur, die sie bauen können.	3
	gibt die Anzahl der zur nächsten Figur fehlenden Würfel an.	Für die 22. Figur fehlen 28 Würfel.	1
	wählt einen anderen Lösungsweg, der sachlich richtig ist. (4)		
		Summe Aufgabe II.3	**17**

Umgang mit Maßeinheiten

Der Prüfling gibt bei Ergebnissen angemessene Maßeinheiten an:

☐   nie   (0 Punkte)

☐   selten   (1 Punkt)

☐   oft   (2 Punkte)

☐   immer   (3 Punkte)

Darstellungsleistung

Der Prüfling stellt seine Bearbeitung nachvollziehbar und formal angemessen dar und arbeitet bei erforderlichen Zeichnungen hinreichend genau:

☐   nie   (0 Punkte)

☐   selten   (2 Punkte)

☐   oft   (4 Punkte)

☐   immer   (6 Punkte)

Übersicht über die Punkteverteilung		
Prüfungsteil I	Aufgaben 1 bis 5	18
Prüfungsteil II	Aufgabe 1	19
	Aufgabe 2	18
	Aufgabe 3	17
Umgang mit Maßeinheiten		3
Darstellungsleistung		6
Gesamtpunktzahl		81

Notentabelle	
Punkte	**Note**
70 – 81	sehr gut
59 – 69	gut
48 – 58	befriedigend
36 – 47	ausreichend
15 – 35	mangelhaft
0 – 14	ungenügend

Prüfungsteil I

Aufgaben 1 bis 5

Auf-gabe	Anforderungen	maximal erreichbare Punktzahl	Lösungsqualität EK[1] Punktzahl	ZK[1] Punktzahl	DK[1] Punktzahl
	Der Prüfling ...				
1)	ordnet die Zahlen ...	2			
2a)	wählt einen geeigneten ...	2			
	wählt einen anderen ...	(2)			
2b)	begründet die Veränderung ...	2			
	wählt einen anderen ...	(2)			
2c)	gibt die Seitenlängen ...	2			
	wählt einen anderen ...	(2)			
3a)	gibt den Wert ...	1			
3b)	gibt den entsprechenden ...	2			
4a)	entscheidet, ob die ...	2			
4b)	wählt einen geeigneten ...	2			
	wählt einen anderen ...	(2)			
5)	wählt ein geeignetes ...	3			
	wählt einen anderen ...	(3)			
	Summe Prüfungsteil I	18			

Prüfungsteil II

Aufgabe II.1: Kaugummiautomat

Auf-gabe	Anforderungen	maximal erreichbare Punktzahl	Lösungsqualität EK Punktzahl	ZK Punktzahl	DK Punktzahl
	Der Prüfling ...				
a)	entnimmt die relevanten ...	3			
	wählt einen anderen ...	(3)			
b)	wählt einen geeigneten ...	3			
	wählt einen anderen ...	(3)			
c)	erklärt die Rechnung.	2			
	beurteilt die Eignung ...	2			
	wählt einen anderen ...	(4)			
d)	entnimmt die relevanten ...	2			
	wählt einen anderen ...	(2)			
e)	bestimmt die Wahrscheinlichkeiten ...	3			
f)	entnimmt die relevanten ...	3			
	interpretiert die Lösung ...	1			
	wählt einen anderen ...	(4)			
	Summe Aufgabe II.1	19			

Aufgabe II.2: Schwimmbecken

Auf-gabe	Anforderungen	maximal erreichbare Punktzahl	EK Punktzahl	ZK Punktzahl	DK Punktzahl
	Der Prüfling ...				
a)	entnimmt die relevanten ...	2			
	wählt einen anderen ...	(2)			
b)	entnimmt die relevanten ...	3			
	gibt das Volumen ...	1			
	wählt einen anderen ...	(4)			
c)	erfasst die geometrische ...	3			
	berechnet die Maße ...	1			
	wählt einen anderen ...	(4)			
d)	erläutert die Bedeutung ...	3			
	wählt einen anderen ...	(3)			
e)	berechnet den gesuchten ...	2			
	wählt einen anderen ...	(2)			
f)	erklärt, warum die ...	3			
	wählt einen anderen ...	(3)			
	Summe Aufgabe II.2	18			

Aufgabe II.3: Würfel

Auf-gabe	Anforderungen	maximal erreichbare Punktzahl	EK Punktzahl	ZK Punktzahl	DK Punktzahl
	Der Prüfling ...				
a)	bestimmt die Anzahl ...	2			
b)	berechnet die Anzahl ...	2			
c)	begründet den Term ...	3			
	wählt einen anderen ...	(3)			
d)	wählt einen geeigneten ...	3			
	wählt einen anderen ...	(3)			
e)	zeigt durch Termumformungen ...	3			
	wählt einen anderen ...	(3)			
f)	wählt einen geeigneten ...	3			
	gibt die Anzahl ...	1			
	wählt einen anderen ...	(4)			
	Summe Aufgabe II.3	17			

	maximal erreichbare Punktzahl	EK Punktzahl	ZK Punktzahl	DK Punktzahl
Umgang mit Maßeinheiten	3			
Darstellungsleistung	6			

Festsetzung der Note

	maximal erreichbare Punktzahl	EK Punktzahl	ZK Punktzahl	DK Punktzahl
Prüfungsteil I:				
Aufgaben 1 bis 5	18			
Prüfungsteil II:				
Aufgabe 1	19			
Aufgabe 2	18			
Aufgabe 3	17			
Umgang mit Maßeinheiten	3			
Darstellungsleistung	6			
Gesamtpunktzahl	81			

Herstellung und Verlag:
BoD – Books on Demand, Norderstedt
ISBN: 978-3-7504-9441-1